糯糯家娃衣铺 著

棉花娃娃

娃衣制作全解

人民邮电出版社
北京

图书在版编目（CIP）数据

棉花娃娃 : 娃衣制作全解 / 糯糯家娃衣铺著. -- 北京 : 人民邮电出版社, 2023.4（2024.4重印）
ISBN 978-7-115-60122-3

Ⅰ. ①棉… Ⅱ. ①糯… Ⅲ. ①手工艺品－布艺品－制作 Ⅳ. ①TS973.51

中国版本图书馆CIP数据核字(2022)第189215号

内容提要

棉花娃娃，是指主体用棉花制成的玩偶，由于形象可爱、轻便、易于携带，受到许多人的喜爱。为棉花娃娃购买和制作各色娃衣，将棉花娃娃打扮成独特的模样，是许多“娃妈”日常生活中一件充满乐趣的小事。

本书是棉花娃娃的娃衣制作教程，介绍了制作娃衣的常用工具、术语，提供了娃衣原型版纸样，之后按照上衣、裤子、裙子、帽子、特色服装、配饰的分类，分享了37个娃衣和配饰的制作案例，帮助新手“娃妈”为自己的棉花娃娃制作娃衣和配饰。

本书适合新手“娃妈”、娃衣裁缝、娃衣店家、手作爱好者阅读。

◆ 著　　糯糯家娃衣铺
责任编辑　魏夏莹
责任印制　周昇亮

◆ 人民邮电出版社出版发行　北京市丰台区成寿寺路 11 号
邮编　100164　电子邮件　315@ptpress.com.cn
网址　https://www.ptpress.com.cn
廊坊市印艺阁数字科技有限公司印刷

◆ 开本：787×1092　1/16
印张：8.75　2023 年 4 月第 1 版
字数：137 千字　2024 年 4 月河北第 4 次印刷

定价：79.80 元（附小册子）

读者服务热线：(010)81055296　印装质量热线：(010)81055316
反盗版热线：(010)81055315
广告经营许可证：京东市监广登字 20170147 号

前言

糯糯家娃衣铺创立于2018年10月，主理人糯糯毕业于四川大学服装与服饰设计专业，拥有丰富的服装制版与缝制经验。糯糯家娃衣铺出售的娃衣在业内拥有良好的口碑，糯糯家娃衣铺在销售娃衣的同时也发布了大量与棉花娃娃相关的教程，其中娃衣制作教程与棉花娃娃“整容”教程更是广受好评。基于对棉花娃娃的热爱和娃衣制作教程存在市场空缺的现状，糯糯决心将自身所学以及在娃衣制作方面的经验整理成书分享给大家，希望对大家有所帮助。欢迎大家前往微博和哔哩哔哩（ID: 糯糯家娃衣铺）与糯糯进行交流互动。

——糯糯家娃衣铺的糯糯

CONTENTS

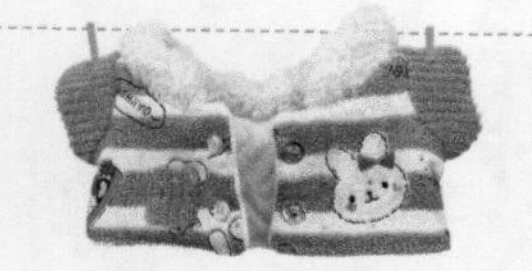

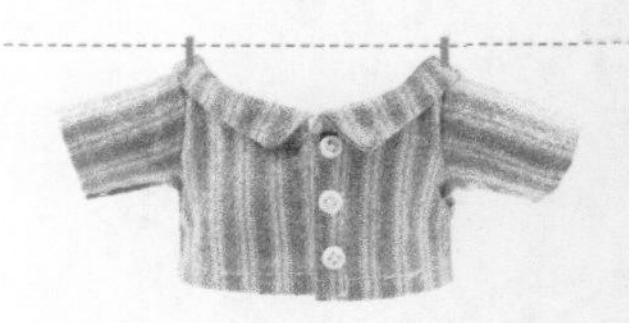

目录

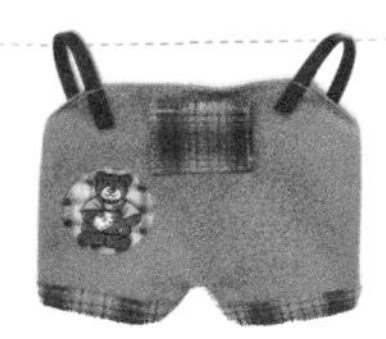

MATCHBOX NOTE
MATCHBOX NOTE

第1章

棉花娃娃娃衣制作基础知识

1

制作的常用工具

名称	图片	用途	名称	图片	用途
人台		用于立体剪裁，可直接在上面制作衣服	家用剪刀		用于裁剪纸样等
服装放码尺		主要用于画服装纸样的缝份	纱剪		用于裁剪线头
曲形尺		用于画袖笼、颈围等处的曲线	拆线器		需要拆掉缝好的缝线时，可用于快速拆线
软尺		用于测量娃娃身体各部位的尺寸	铅笔		用于制图
裁缝剪刀		专门用来裁剪布料，不可用于裁剪布料以外的东西	水消笔、气消笔		用水消笔在布料上作画，布料遇水或加热，笔迹便可消失。用气消笔在布料上作画，布料在空气中静置一段时间后，笔迹便可消失

名称	图片	用途	名称	图片	用途
划粉		可在布料上直接绘制纸样	锥子		绘制纸样时，用于固定描点，也可用于翻面时整理边角
贴线胶带	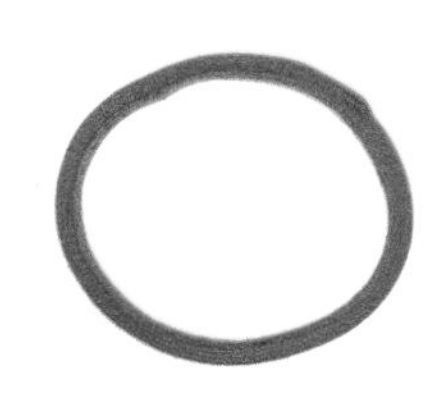	立体裁剪时，可用于做标记	熨斗		在衣服制作前、衣服制作中和衣服制作后均需要使用熨斗，以便更好地进行缝纫和整理
珠针	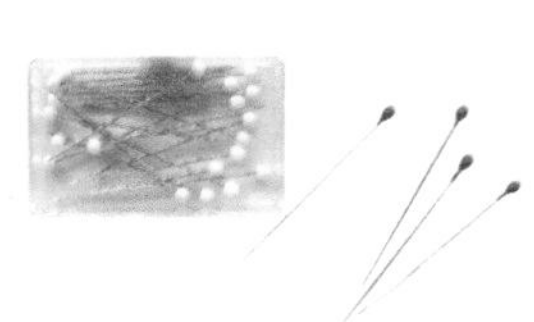	可用于临时固定布料	缝纫机		用于缝制衣服
镊子		可辅助缝纫，也可用于翻面时整理边角	锁边机		用于给布料锁边，防止布料出现毛边。手作娃衣的工艺要求不高，也可用锁边胶水锁边
穿带器		用穿带器夹住布料或绳子的一端，可轻松将其从另外一端穿出来			

2

制作的术语

（1）棉花娃娃样板制作的相关术语及测量方式

术语	英文	测量方式
背长	NWL（neck waist length）	用软尺从后颈点绕到腰围线处来进行测量
袖长	SL（sleeve length）	用软尺从肩外点绕到手部末端来进行测量，可根据具体款式进行加减
头围	HS（head size）	用软尺自前额至枕骨绕一周来进行测量
胸围	B（breast）	用软尺在胸部最丰满处绕一周来进行测量
腰围	W（waist）	用软尺在腰最细的地方绕一周来进行测量
臀围	H（hip）	用软尺在臀部最丰满处绕一周来进行测量
臂围	A（arm）	用软尺在手臂最粗处水平围绕一周来进行测量
裤长	TL（trouser length）	从腰围线侧面量到脚底面，可根据款式进行加减

（2）常用制图符号

符号	名称	作用
	细实线	表示布料边线
	点画线	表示连接裁片不可裁开的线
	等分线	表示距离相等的间隔线
	经向指示	表示布料的经纱方向
	省道	用来表现立体感，省道部分为需要缝合的部分
	褶	表示需要折进去的部分，斜线上方则代表折向朝上
	直角号	表示两条线相交成 90 度
	细褶	用来标示裙子或袖子等处的细褶
	对折	表示裁片是一个对称的图案，需要将布料对折裁剪

（3）手工制作术语

①布纹：纱线编织的方向。

②经纱：与布边平行，拉扯时面料非常牢固，当与地面垂直的时候，垂坠感非常好，如图 1 所示。

③纬纱：垂直于经纱，拉扯时有弹力，如图 2 所示。

1

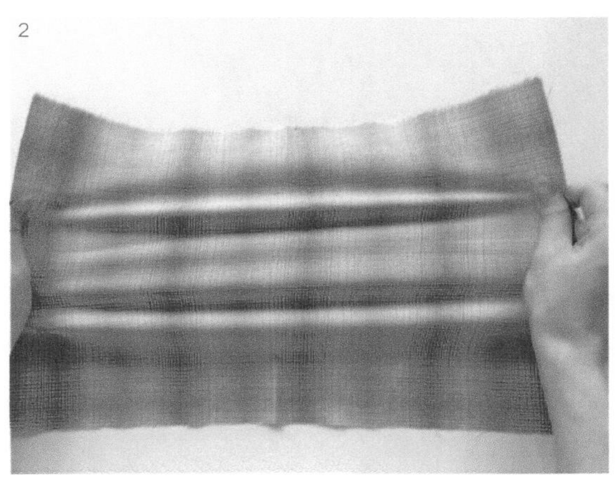
2

④斜裁：沿着布料的对角线进行裁剪，因为斜着拉扯时布料的弹性最大，如图 3 所示。

3

⑤缝份：俗称缝头，指两片裁片缝合之后被缝住的余份。

⑥毛样：带缝份的样板。

⑦净样：不带缝份的样板。

⑧打剪口：用剪刀在布料上剪出一个长度为 3mm 的剪口，剪口常出现在袖子、领子处，能使衣服更加熨帖。

⑨压明线：在布料正面处缝线，明线一般起固定和装饰作用。

⑩抽碎褶：用缝线抽出碎褶；线迹越长，碎褶越大，线迹越短，碎褶越小。

⑪ 返口：指在为了方便将背面朝外的主体翻到正面时预留的开口部分。如将衣服表布和里布缝合在一起时，需要将表布和里布正面相对，在背面进行缝制。通常在下摆处留 4cm 不进行缝合，不进行缝合的部分我们称之为返口。从返口处便于将衣服从背面翻到正面进行缝制。

3

20cm 正常体棉花娃娃各部位尺寸

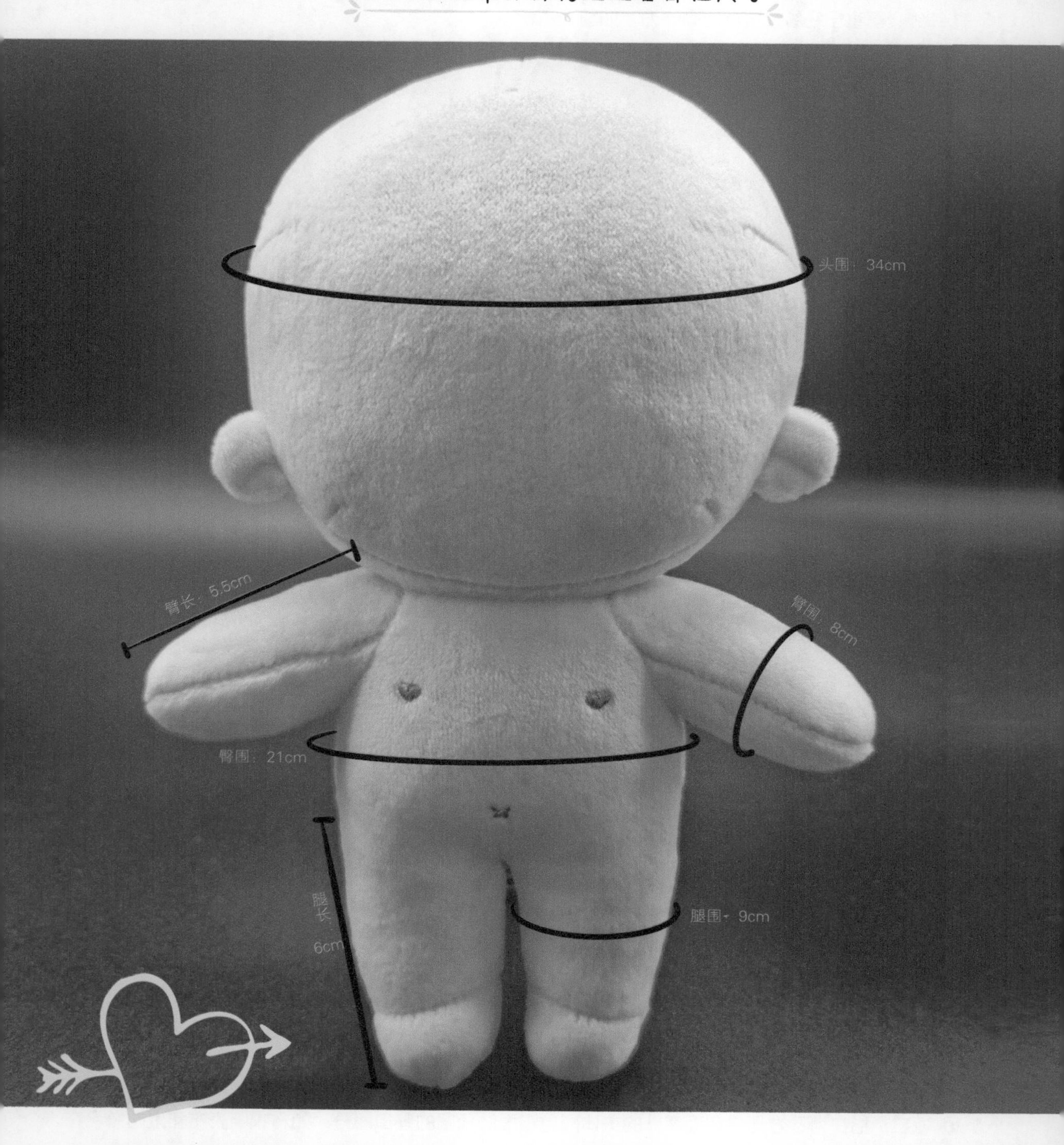

图中为 20cm 正常体棉花娃娃，其各部位尺寸与市面上大多数棉花娃娃的尺寸相差不大，本书以该棉花娃娃尺寸作为标准进行娃衣制作。读者在制作娃衣时可根据自己的棉花娃娃的具体尺寸对纸样进行适当修改。

4 原型版

上衣原型纸样

以 20cm 正常体棉花娃娃尺寸为标准，图中纸样可 1:1 使用。

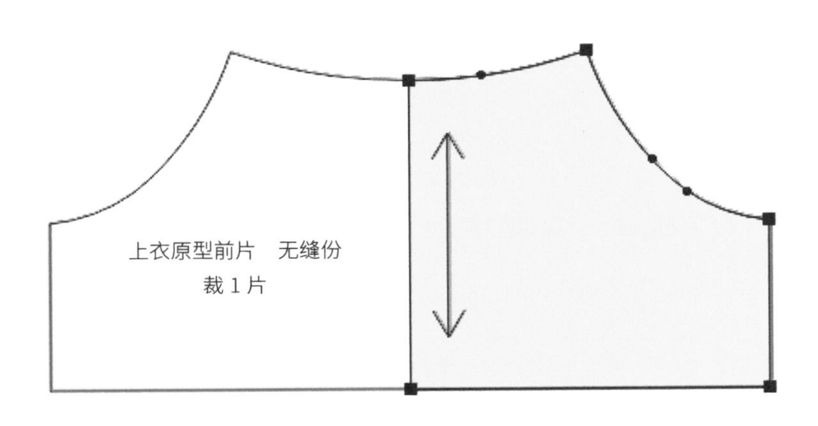

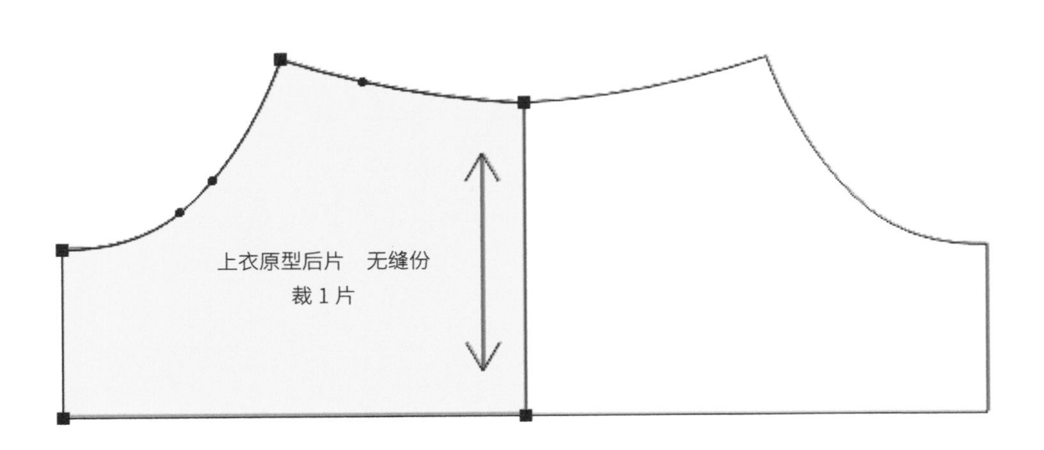

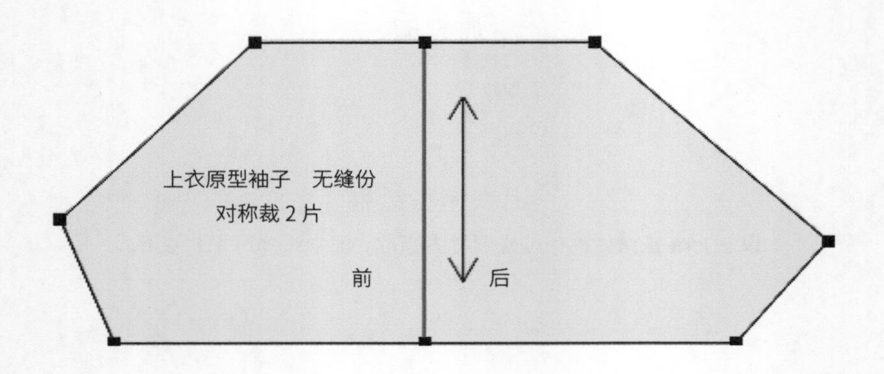

裤子原型纸样

以 20cm 正常体棉花娃娃尺寸为标准，图中纸样可 1:1 使用。

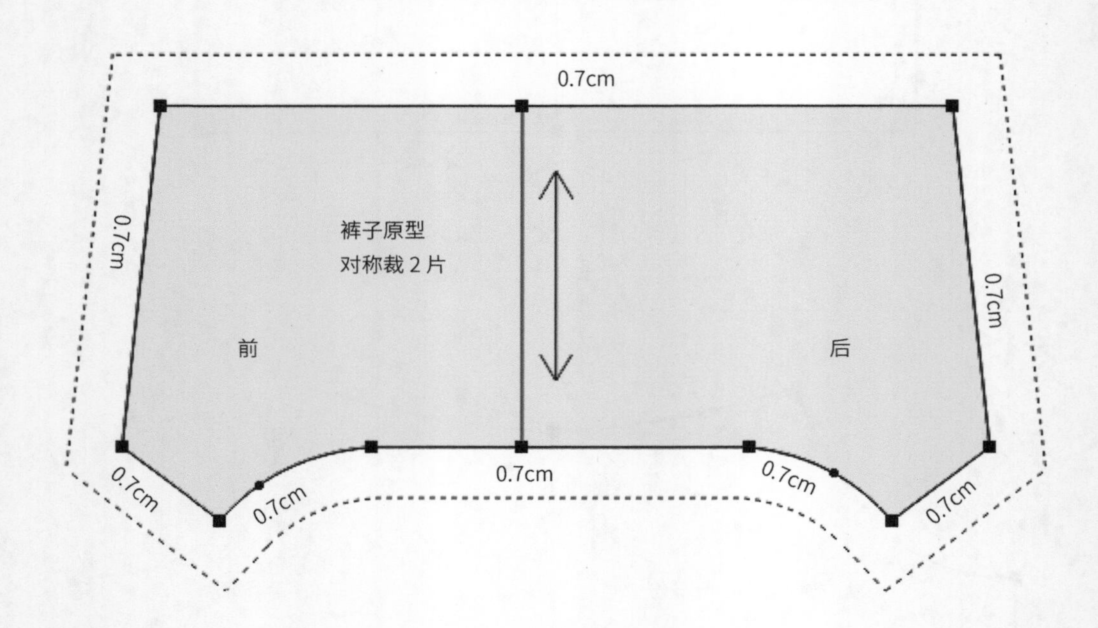

第2章

不同领子上衣的制版与缝制

1

衬衫领上衣

成品展示

制作过程

面料说明

本案例选用纯棉格子布料，正反面相同，故不区分正反面。如选用正反面不同的面料，需注意区分。该面料略微具有弹力，克重约为 220g。面料的弹力与克重均会影响制版，读者在选用面料时可参考作者所给的参数。

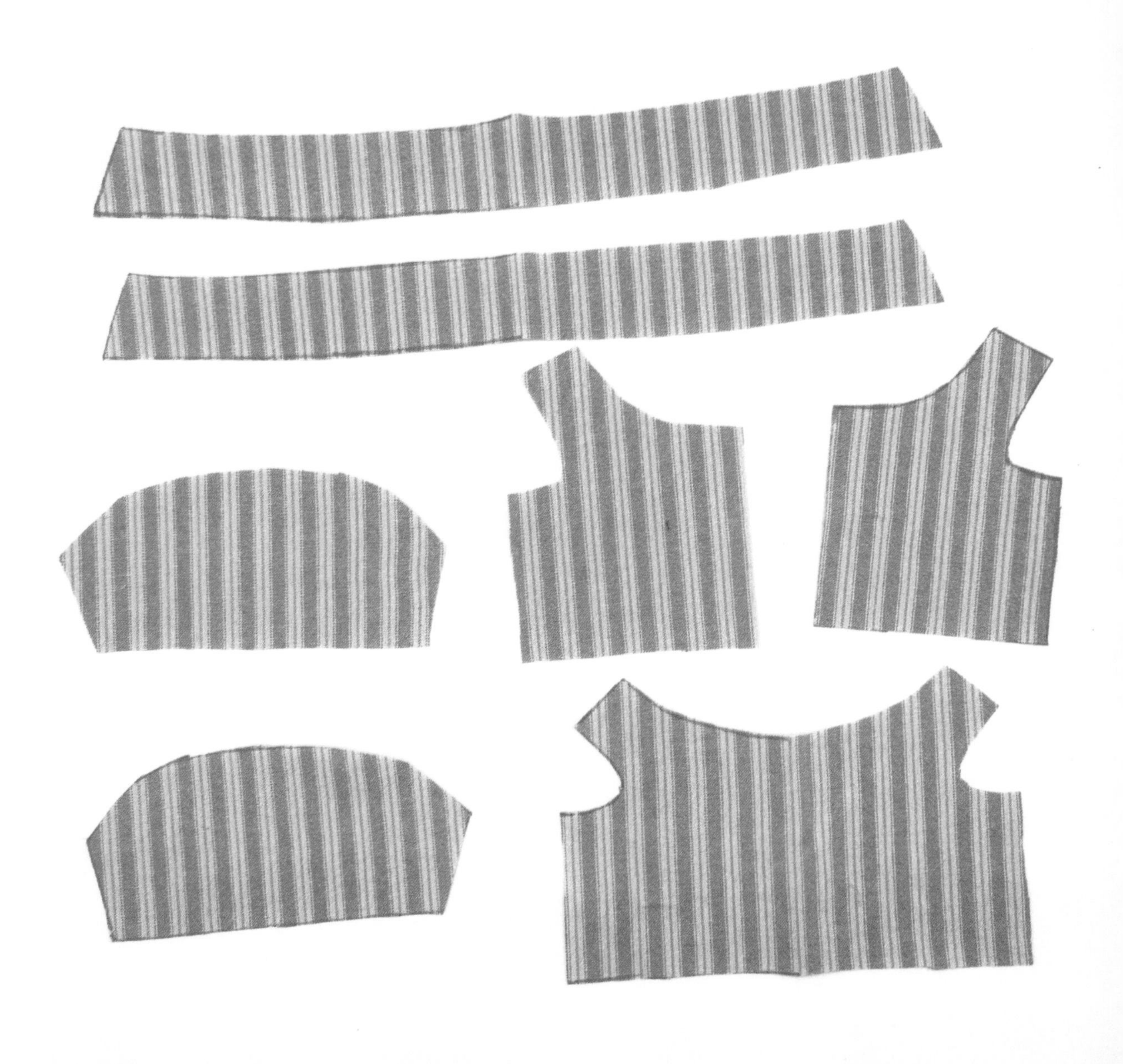

1 裁剪裁片。

② 将两片领子裁片正面相对并进行缝合。

③ 将领子翻折出来并进行熨烫整理。

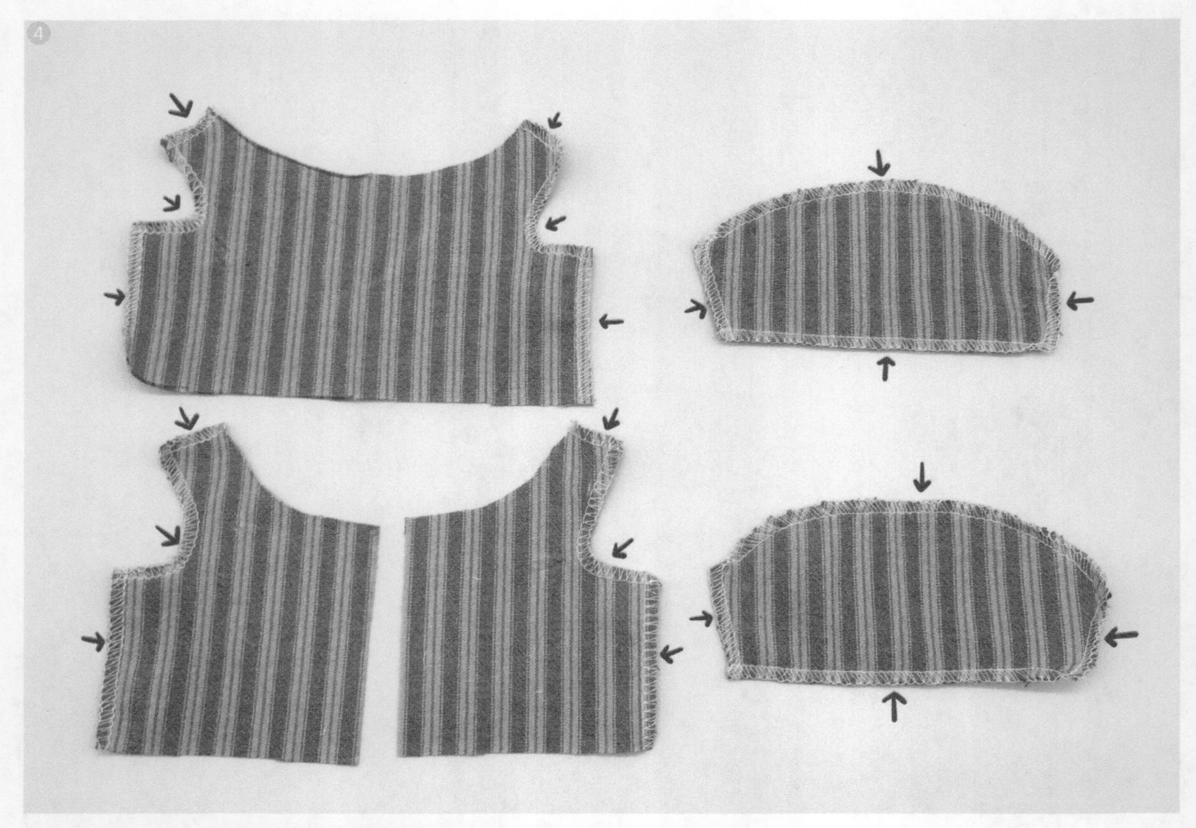

④ 将前、后片沿肩线到侧缝线进行锁边，对袖子四周进行锁边处理。

⑤ 将前、后片的肩线缝合到一起。

⑥ 将袖子缝合到前、后片上，注意区分袖子的前后。

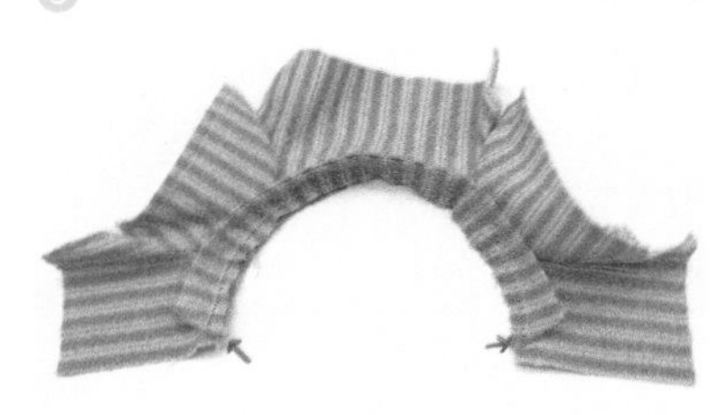

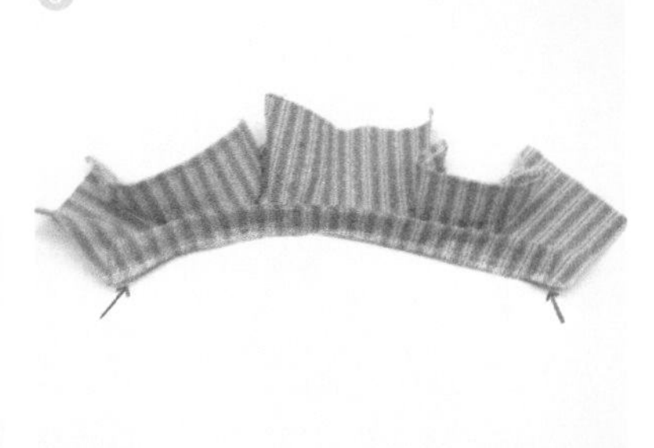

⑦ 将袖子下摆向里折叠 0.7cm 并进行缝制。

⑧ 将领子缝合到衣身上，注意首尾各留 0.7cm 宽的缝份。

⑨ 对领子的毛边进行锁边处理。

⑩ 在领子与衣身交界处压一道明线，使领子更加服帖。

⑪ 将前、后片的侧缝缝合到一起。

⑫ 对门襟及下摆的毛边进行锁边处理，并将下摆向里折叠 0.7cm 后进行缝制。

⑬ 测量门襟长度并剪取相同长度的魔术贴备用。

⑭ 将魔术贴的两部分分别缝到两侧门襟上，缝制完成。可根据情况添加装饰。

2

坦领上衣

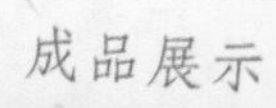

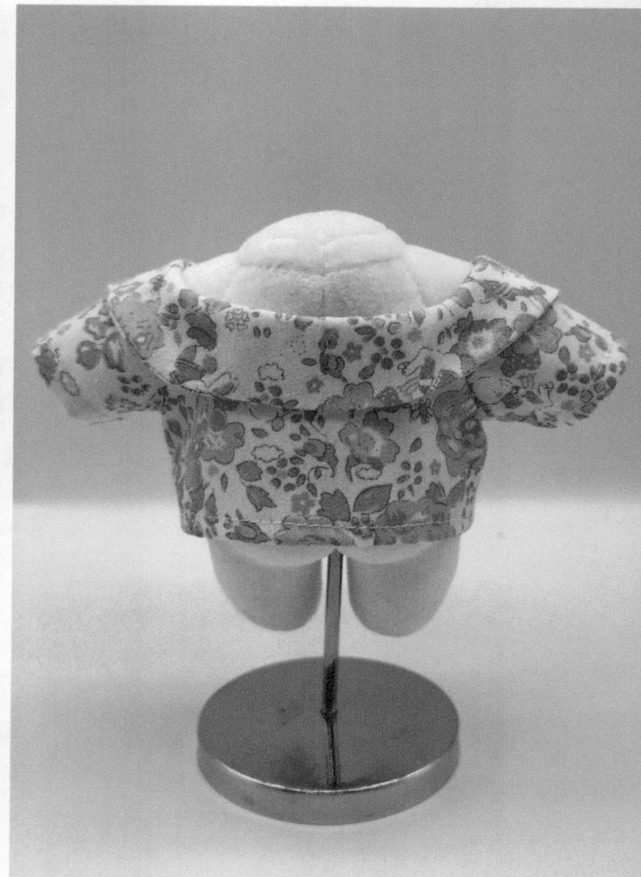

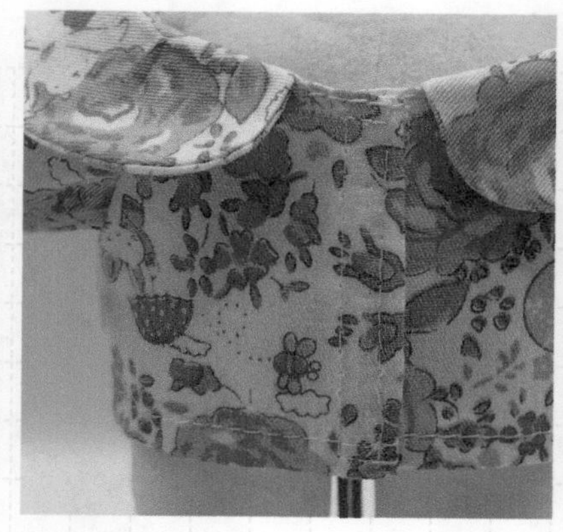

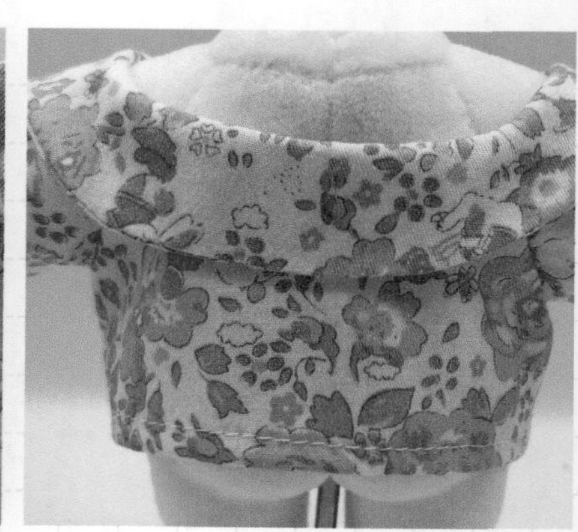

制作过程

面料说明

本案例选用纯棉碎花布料，该面料略微具有弹力，克重约为 180g。面料的弹力与克重均会影响制版，读者在选用面料时可参考作者所给的参数。

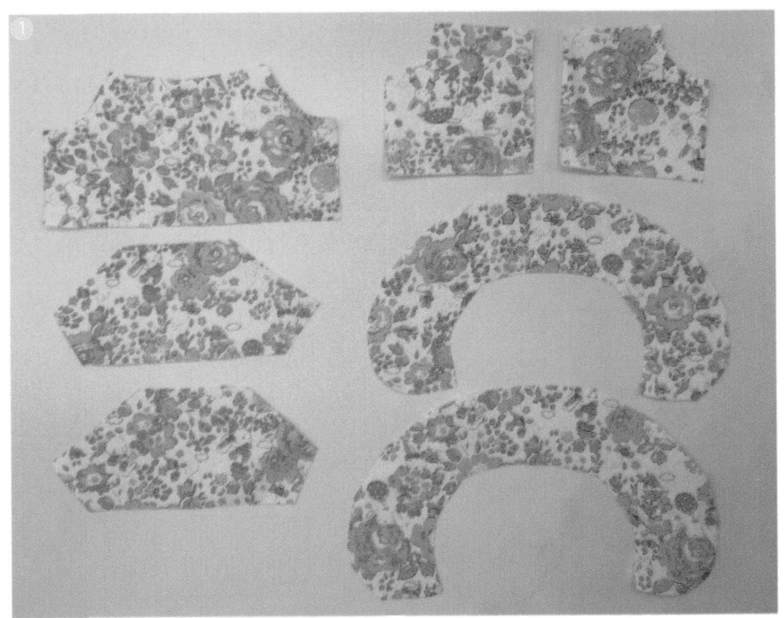

❶ 裁剪裁片。

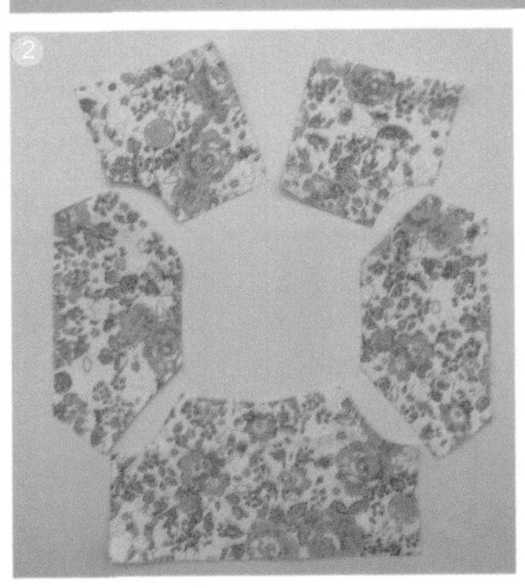

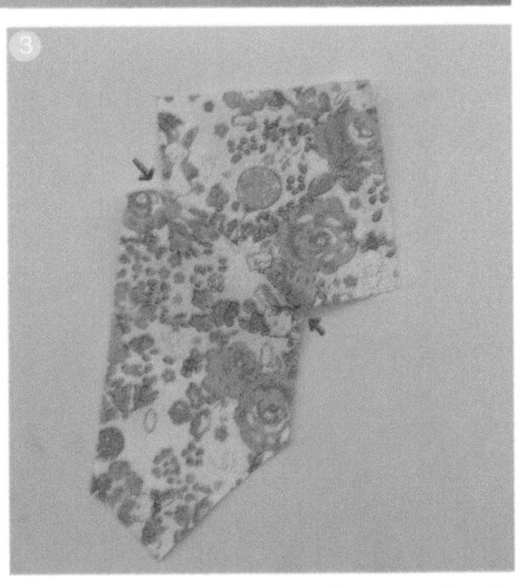

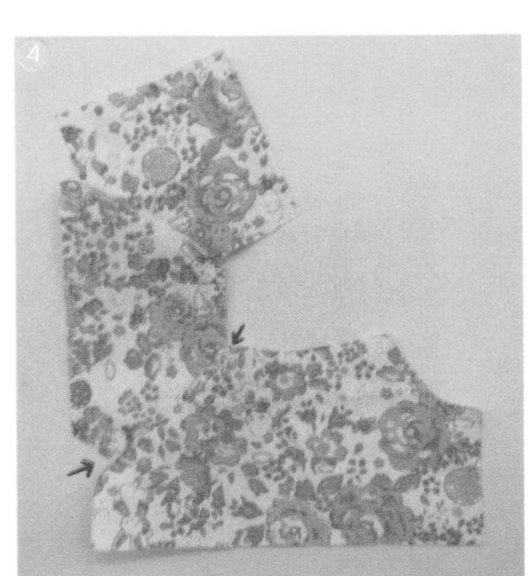

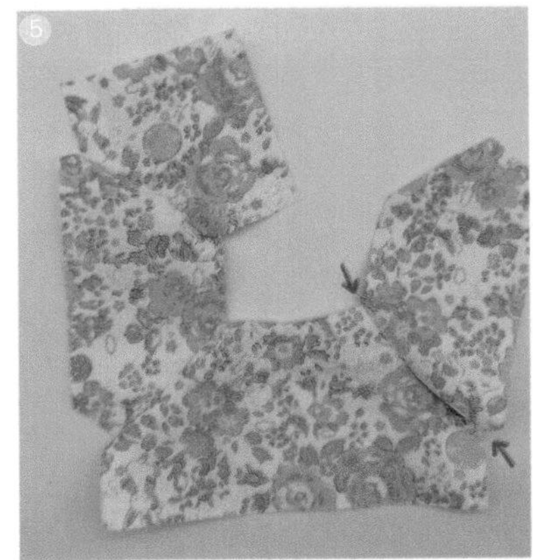

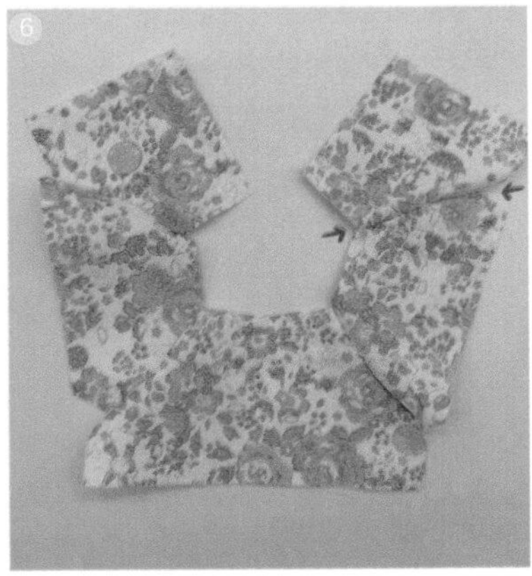

❷ ~ ❻ 将右前片、右袖、后片、左袖、左前片依次缝合到一起。

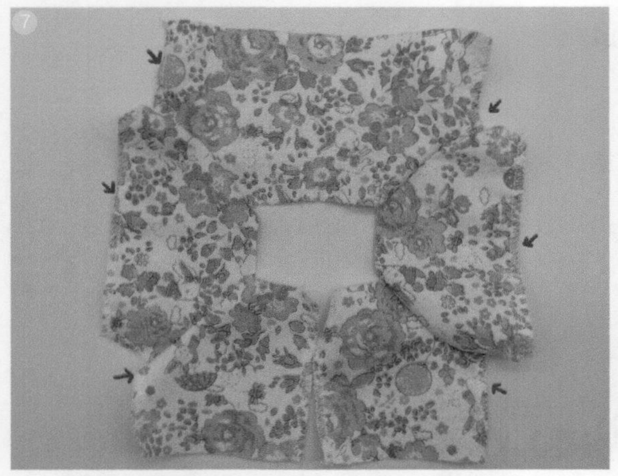

⑦ 对衣片侧缝和袖子下摆进行锁边处理。

⑧ 将袖子下摆向里折叠 0.7cm 并进行缝制。

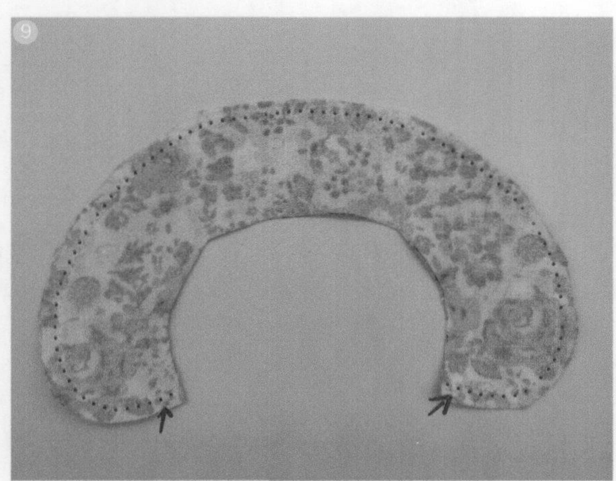

⑨ ~ ⑩ 将领子裁片正面相对并缝合到一起，适当修剪缝份，使得领子翻到正面时更加服帖。

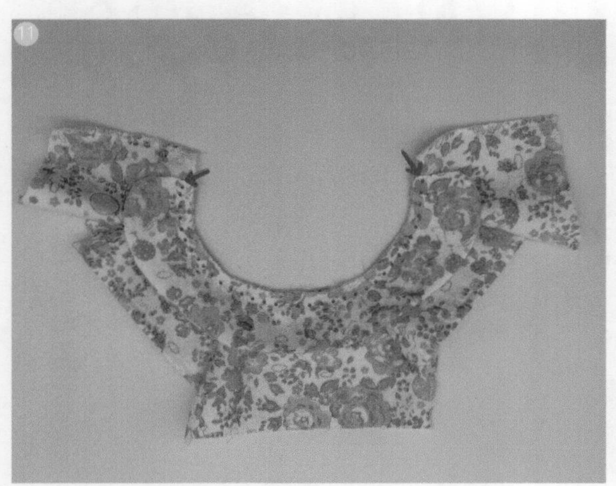

⑪ ~ ⑫ 把领子翻到正面后，将领子缝到衣身上，注意首尾各留 1.7cm 宽的缝份，其中 1cm 为预留的门襟宽度，对领子的毛边进行锁边处理。

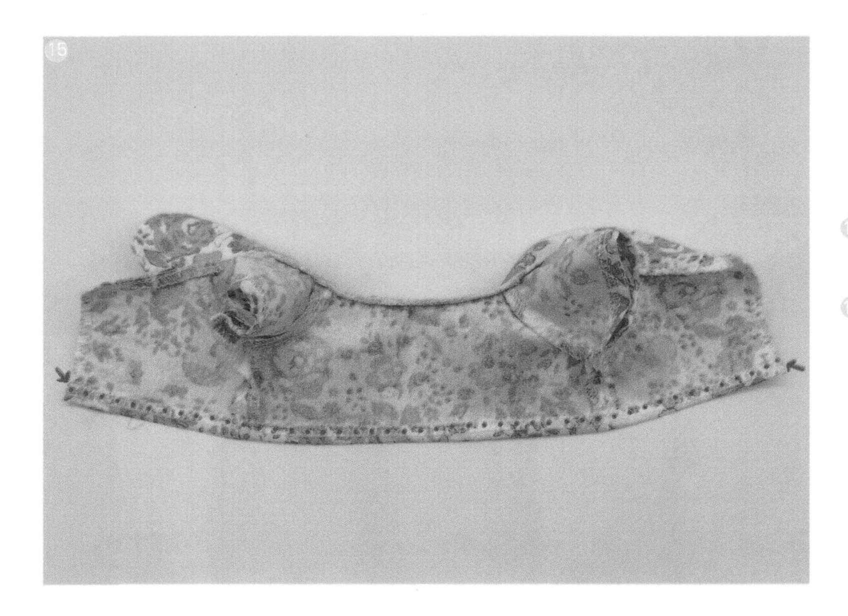

⑬ ~ ⑭ 对左、右侧缝依次进行缝合。

⑮ 对下摆的毛边进行锁边处理，并将下摆向里折叠 0.7cm 后进行缝制。

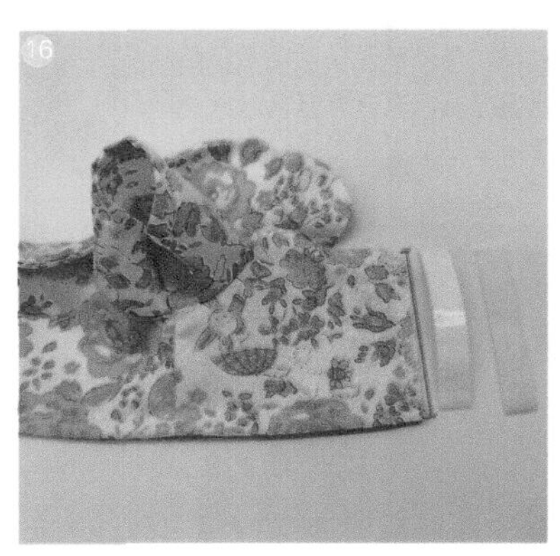

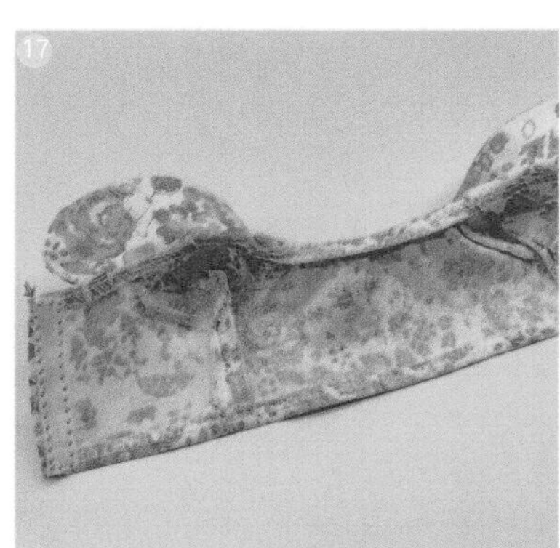

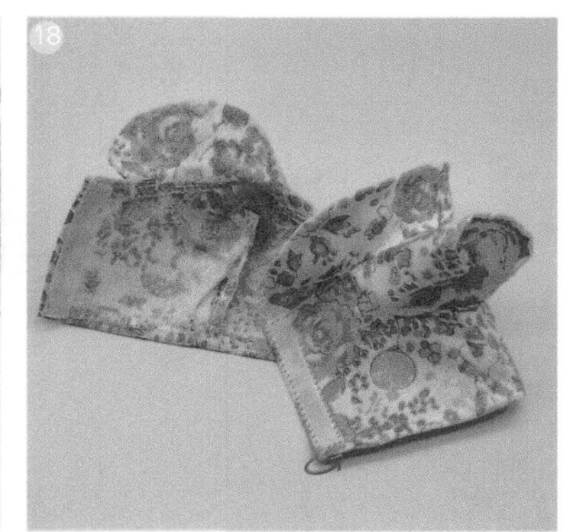

⑯ ~ ⑱ 测量门襟长度并剪取相同长度的魔术贴，将魔术贴的两部分分别缝到两侧门襟上，缝制完成。

3

海军领上衣

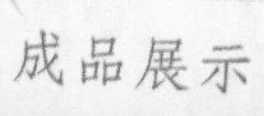

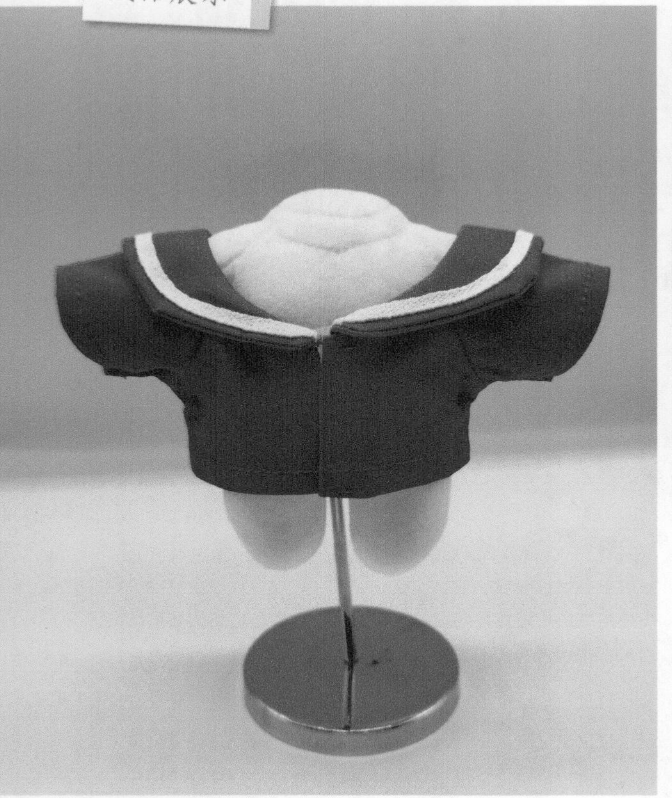

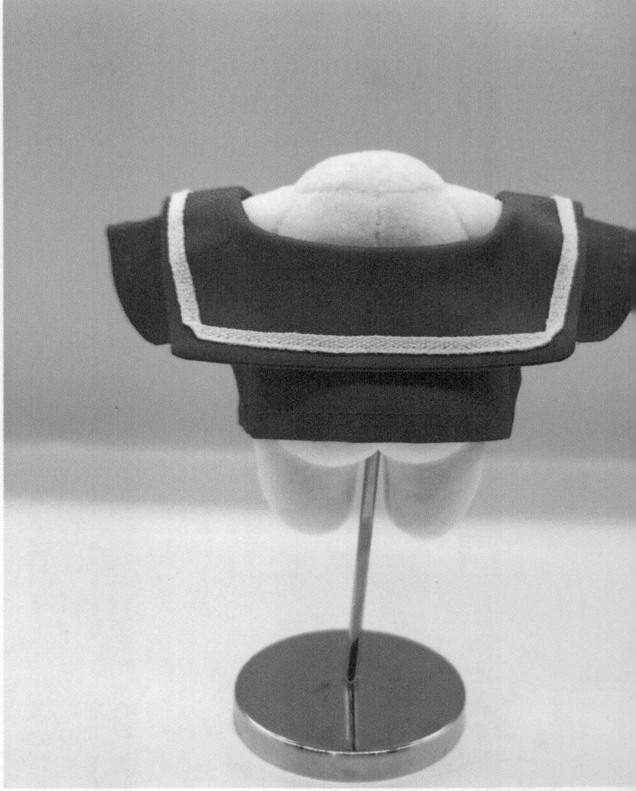

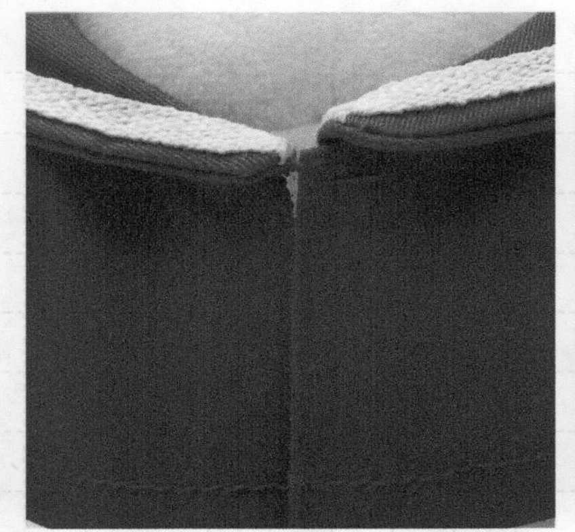

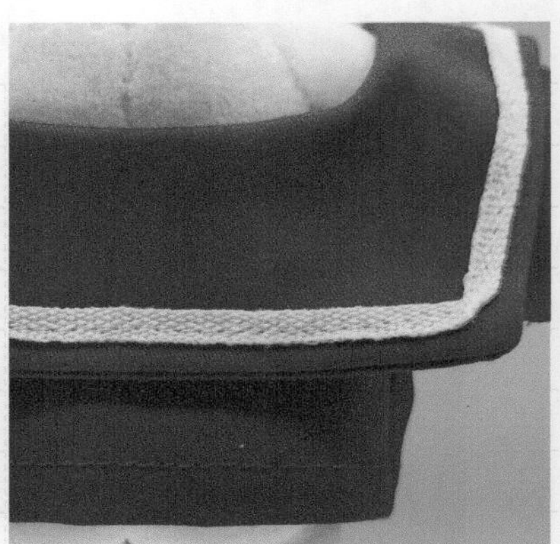

制作过程

面料说明

本案例选用细斜纹纯棉布料，该面料略微具有弹力，克重约为 320g。面料的弹力与克重均会影响制版，读者在选用面料时可参考作者所给的参数。

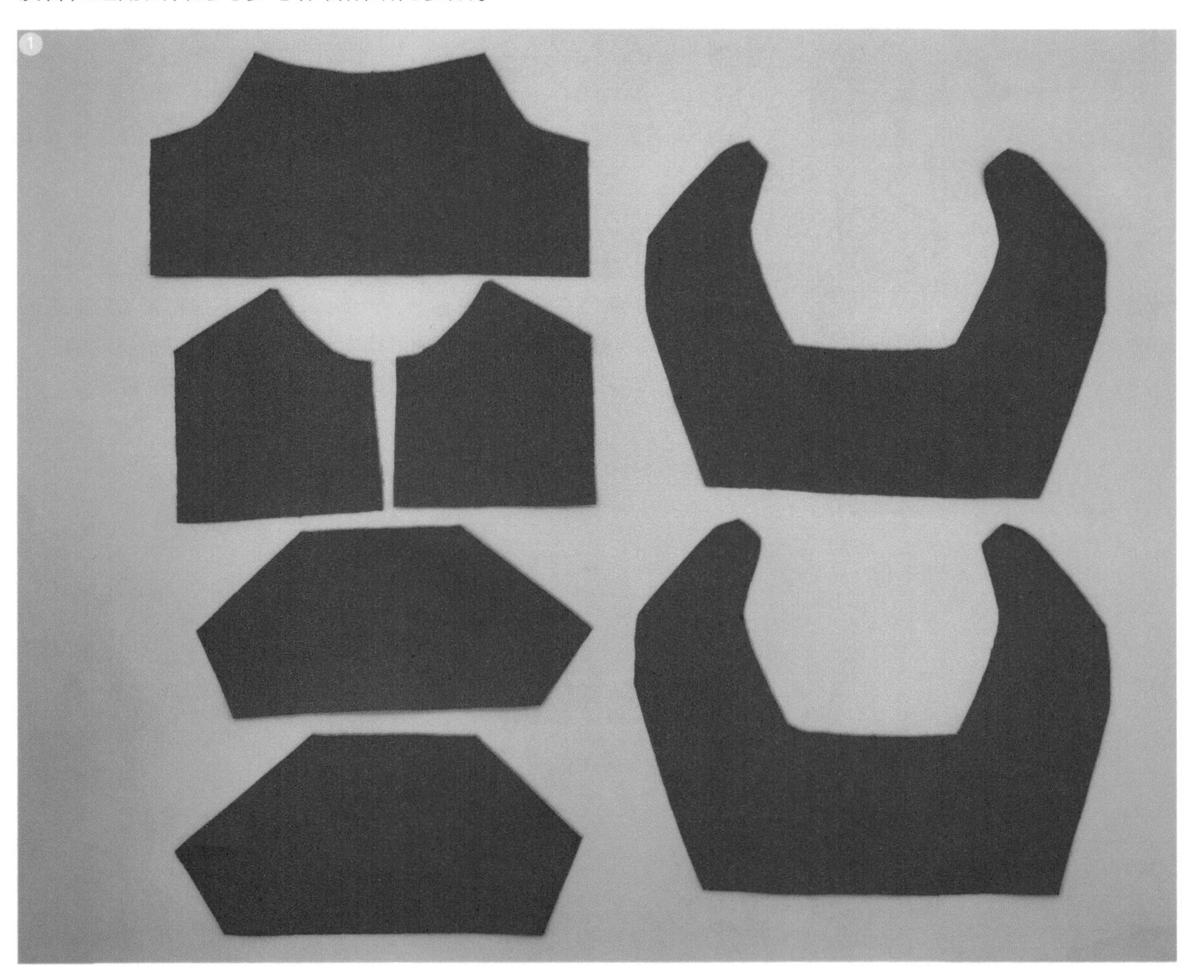

1 裁剪裁片。

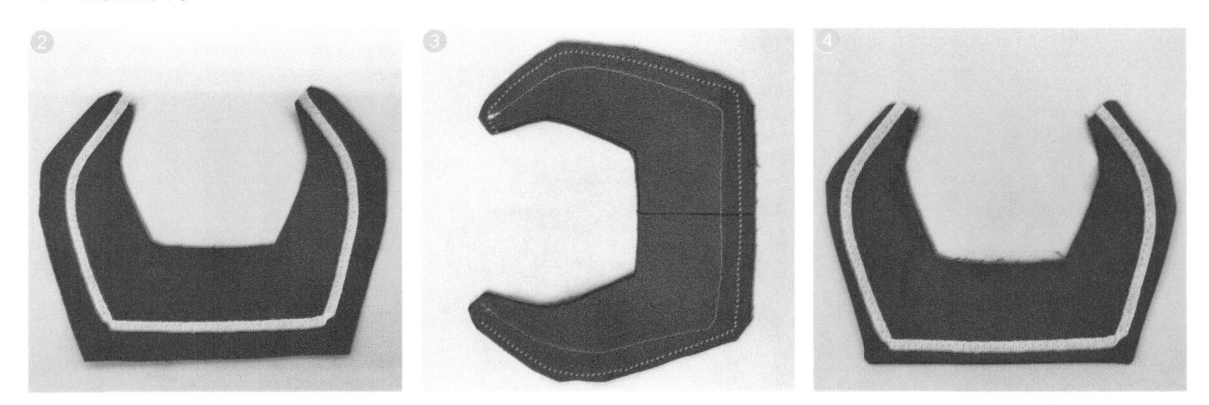

2 ~ 4 缝一条白边条在领子裁片上起装饰作用，将两片领子裁片正面相对并缝合到一起，将领子翻到正面并进行熨烫整理。

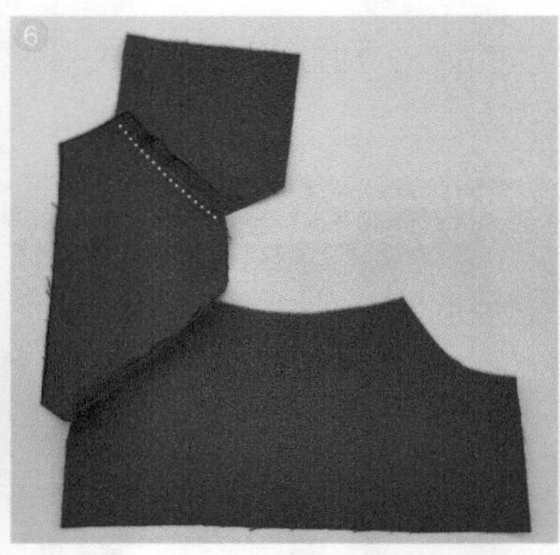
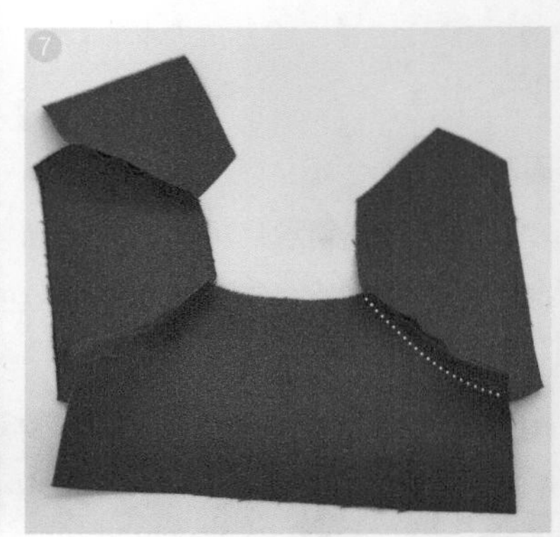
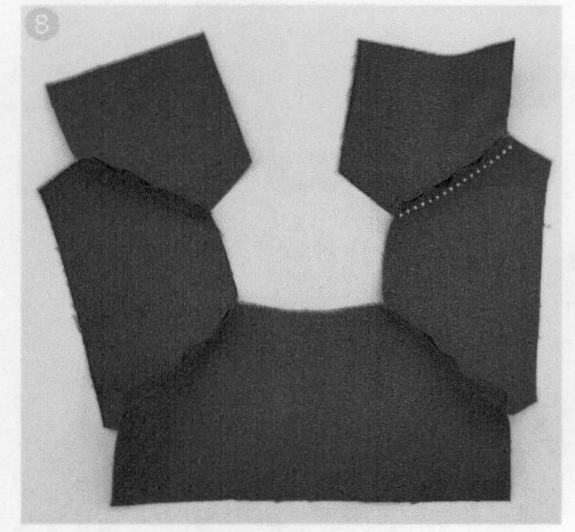

⑤~⑧ 将后片、左袖、左前片、右袖、右前片依次缝合在一起。

⑨~⑩ 将领子缝合到衣身上，对侧缝、袖子下摆和领子的毛边进行锁边处理，将衣袖下摆向里折叠 0.7cm 并进行缝制。

⑪ 在领子和衣身交界处压一道明线，使得领子更加服帖。

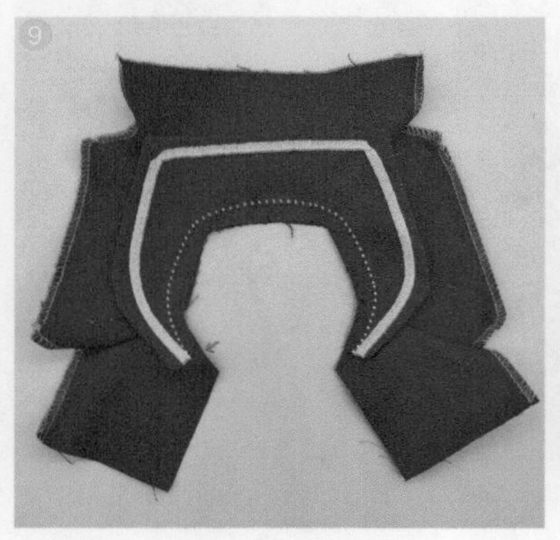
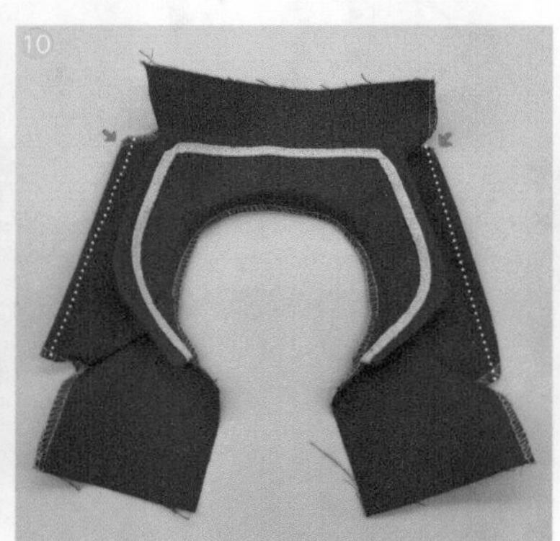
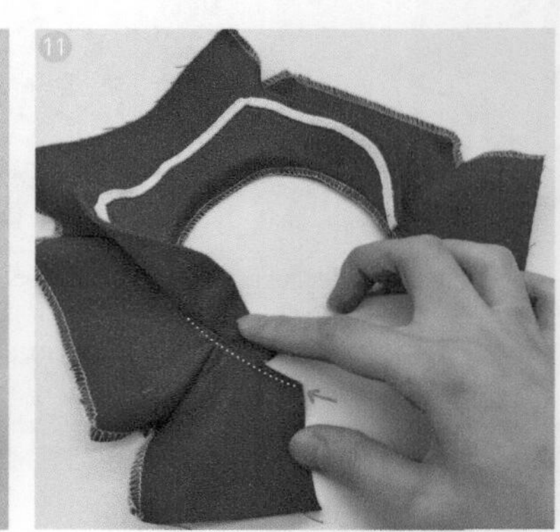
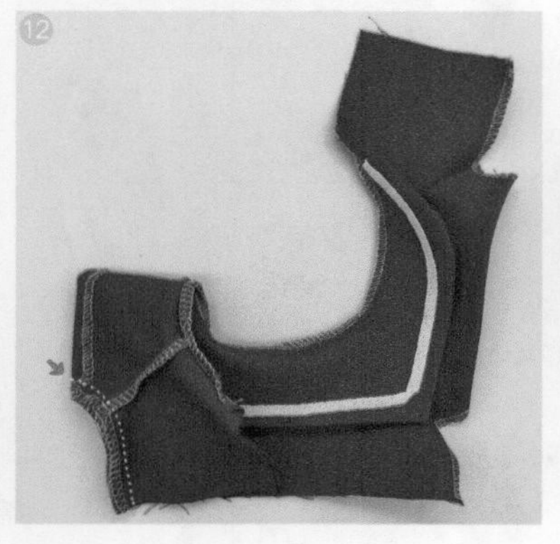
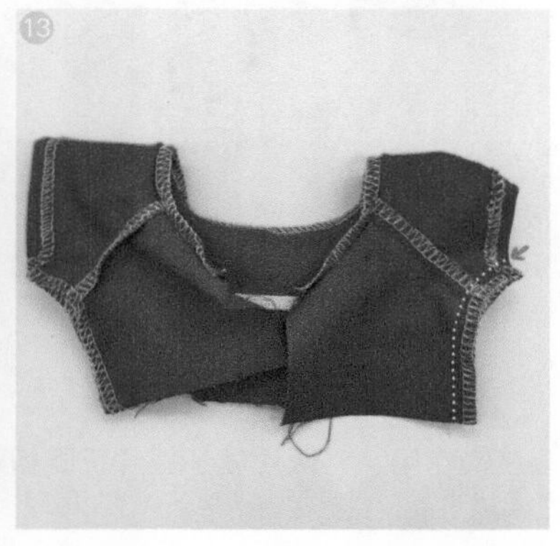

⑫~⑬ 将前、后片的左、右侧缝依次缝合到一起。

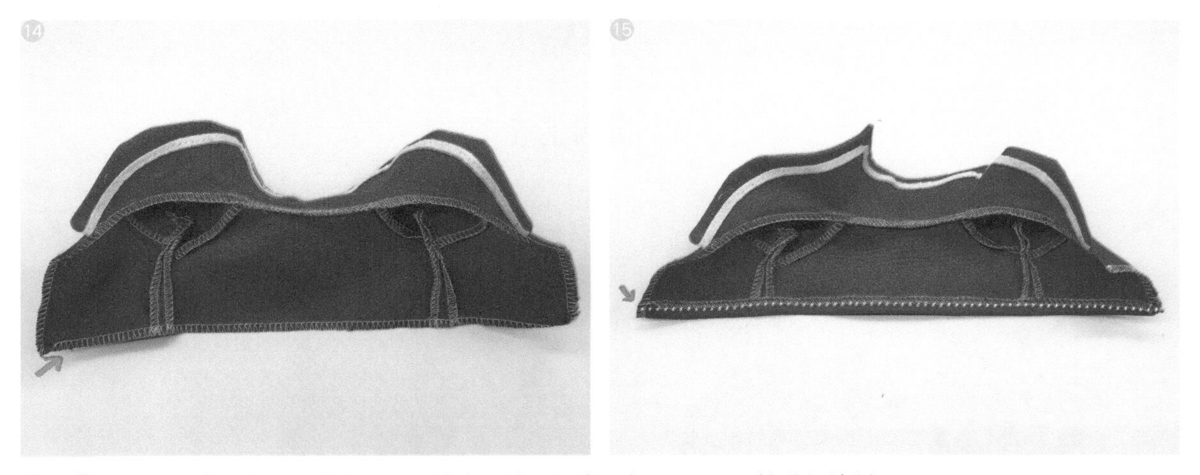

14 ~ 15　对下摆的毛边进行锁边处理，锁边后将下摆向里折叠 0.7cm 并进行缝制。

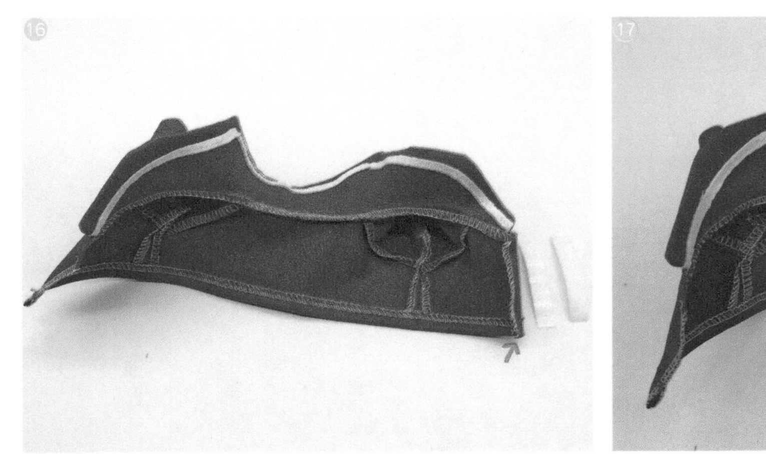

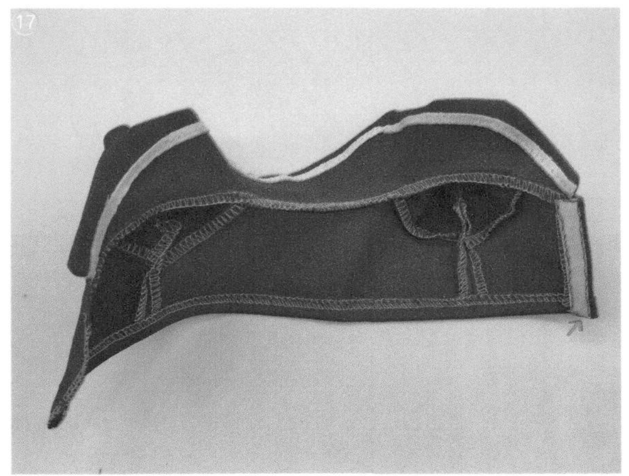

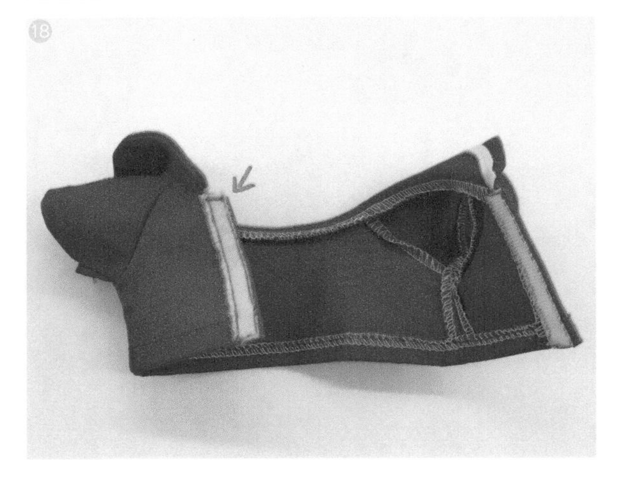

16 ~ 18　测量门襟长度并剪取相同长度的魔术贴，将魔术贴的两部分分别缝到两侧门襟上，缝制完成。

4

圆领上衣

成品展示

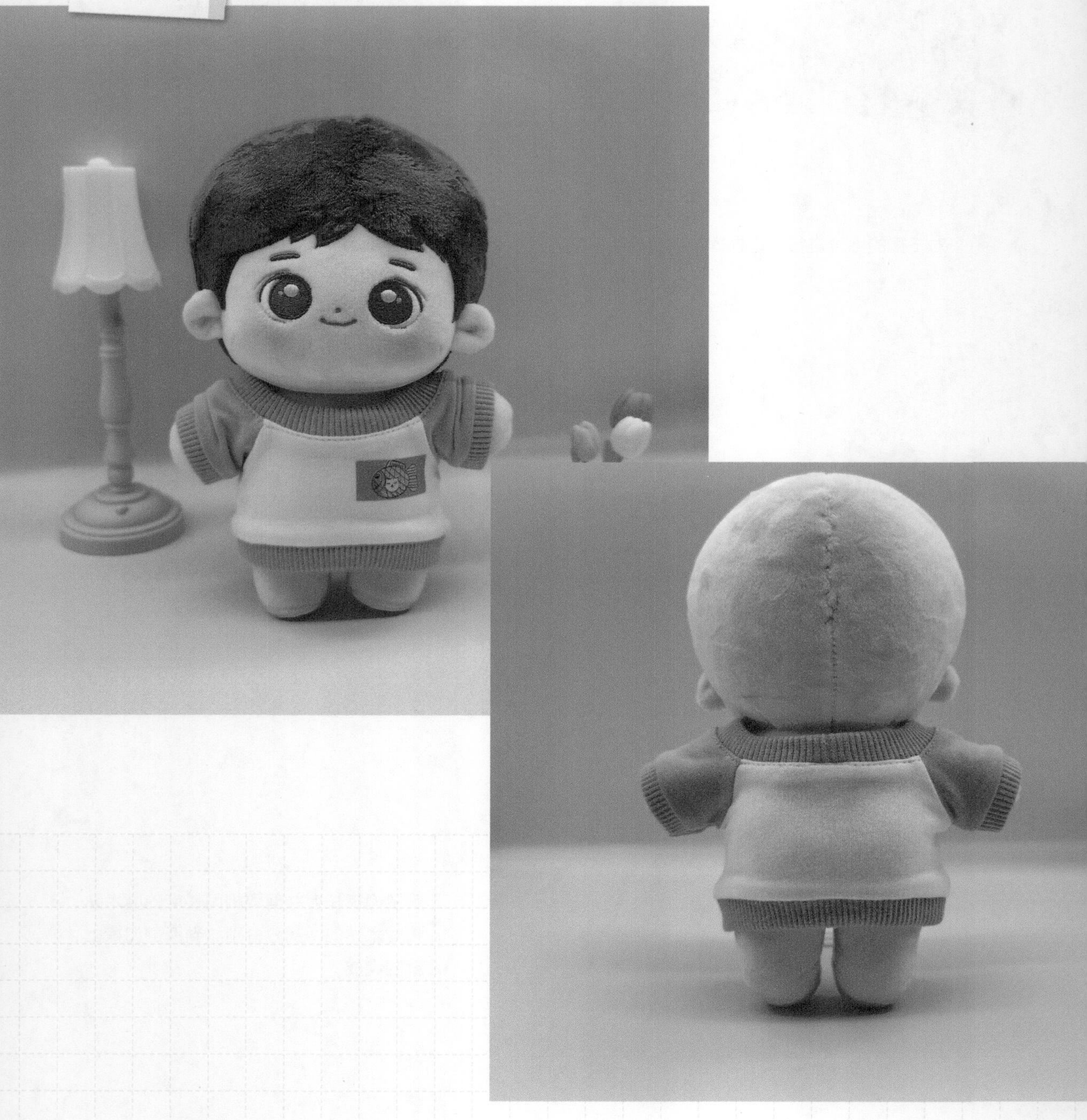

制作过程

面料说明

本案例选用弹力卫衣布料和螺纹面料。弹力卫衣布料具有较强弹力，克重约为 450g。螺纹面料克重约为 500g，具有高弹力。面料的弹力与克重均会影响制版，读者在选用面料时可参考作者所给的参数。

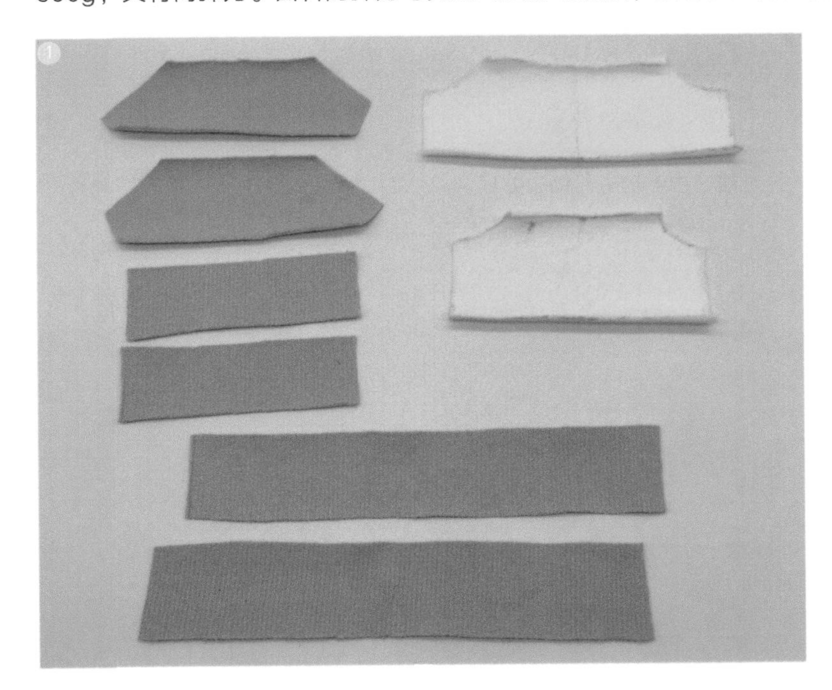

❶ 裁剪裁片。

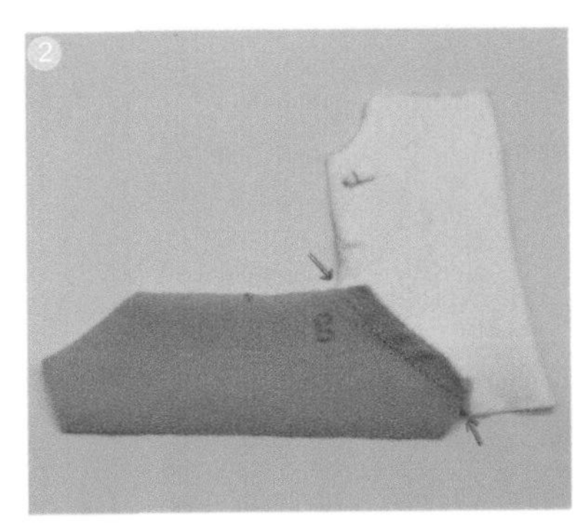

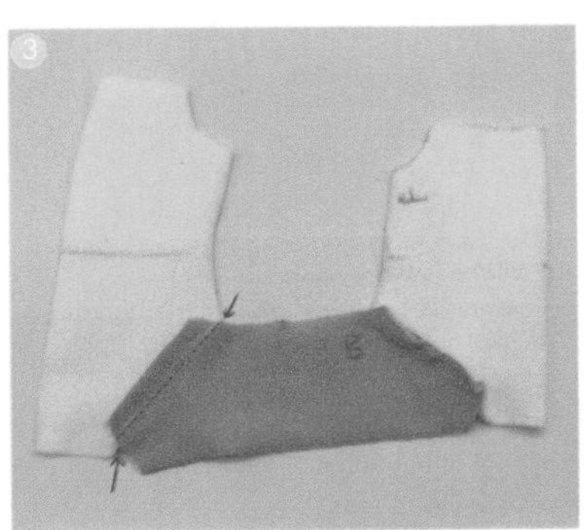

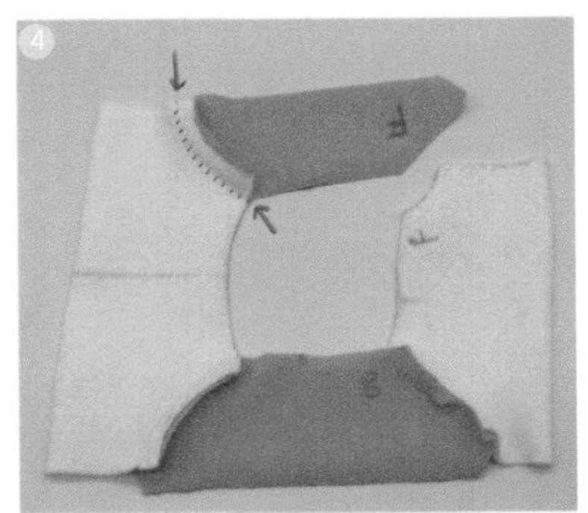

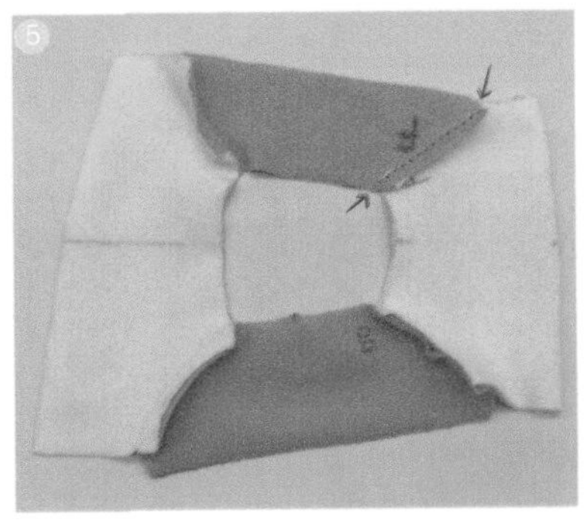

❷ ~ ❺ 将前片、右袖、后片、左袖依次缝合到一起。

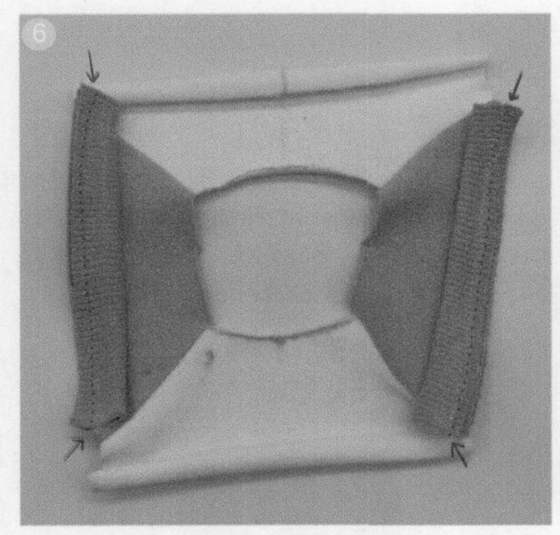

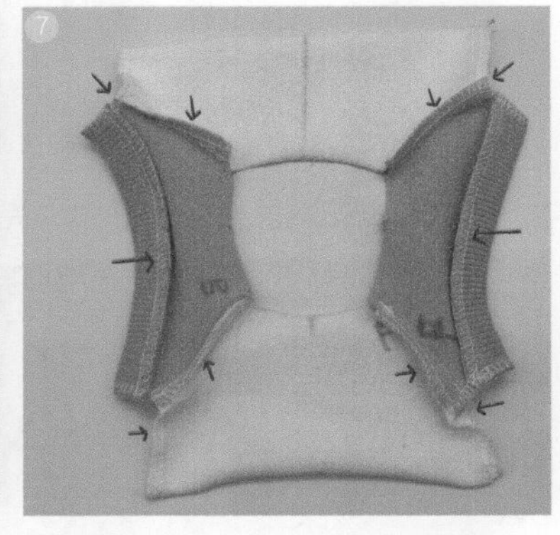

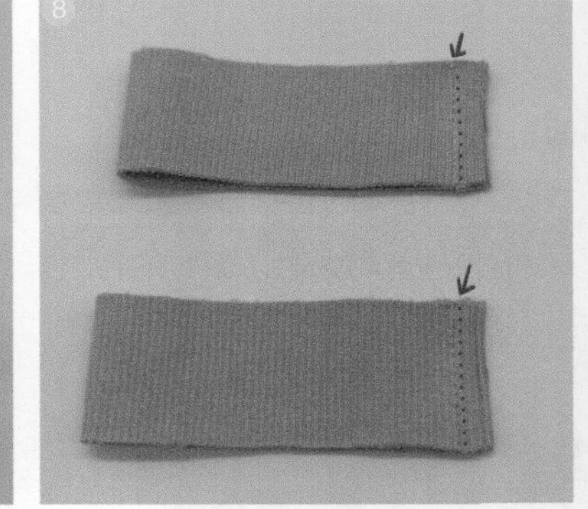

6 ~ 7 将袖子下摆折叠后如图缝合，并对袖子的毛边进行锁边处理。

8 将领子裁片及衣身下摆裁片对折并缝合。

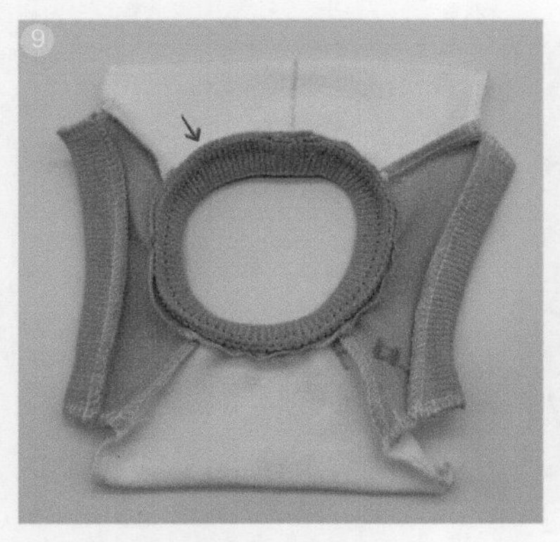

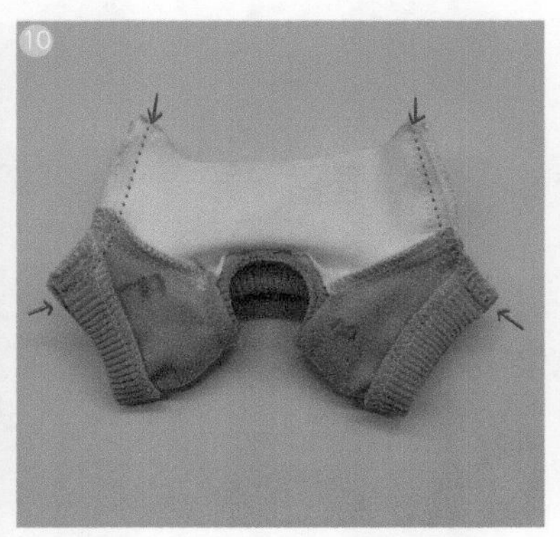

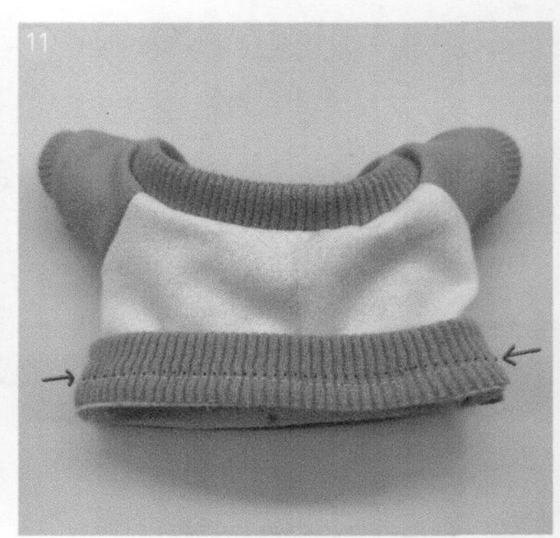

9 将领子翻转到正面对折，并将领子缝合到衣身上。

10 将前、后片侧缝缝合到一起并进行锁边处理。

11 将下摆与衣身缝合到一起。

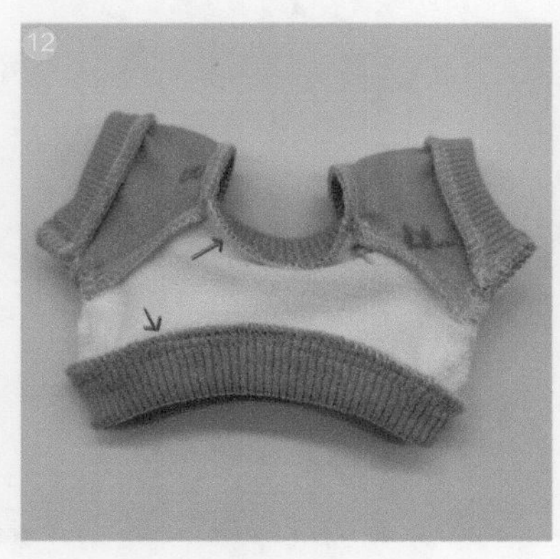

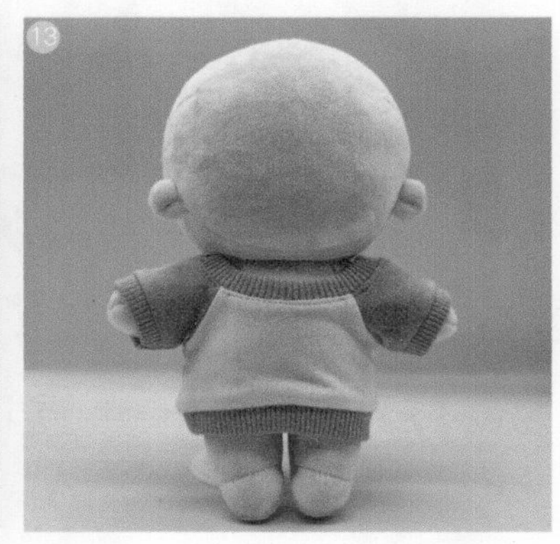

12 ~ 14 对领子和下摆的毛边进行锁边处理。 将衣服翻到正面并进行熨烫整理，熨烫一些烫画在衣服上进行装饰，缝制完成。

5

V领上衣

成品展示

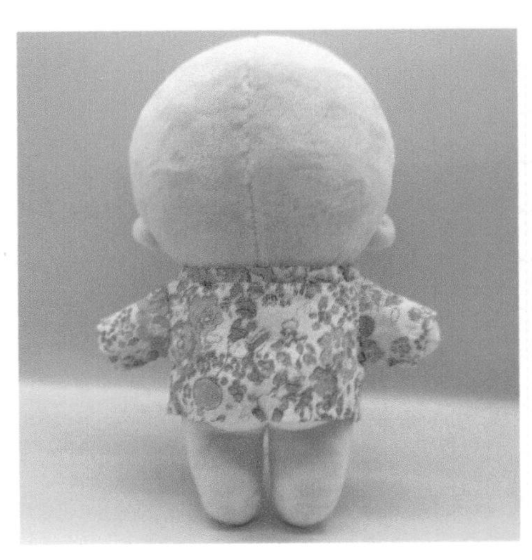

制作过程

面料说明

本案例选用纯棉碎花布料，该面料略微具有弹力，克重约为 180g。面料的弹力与克重均会影响制版，读者在选用面料时可参考作者所给的参数。

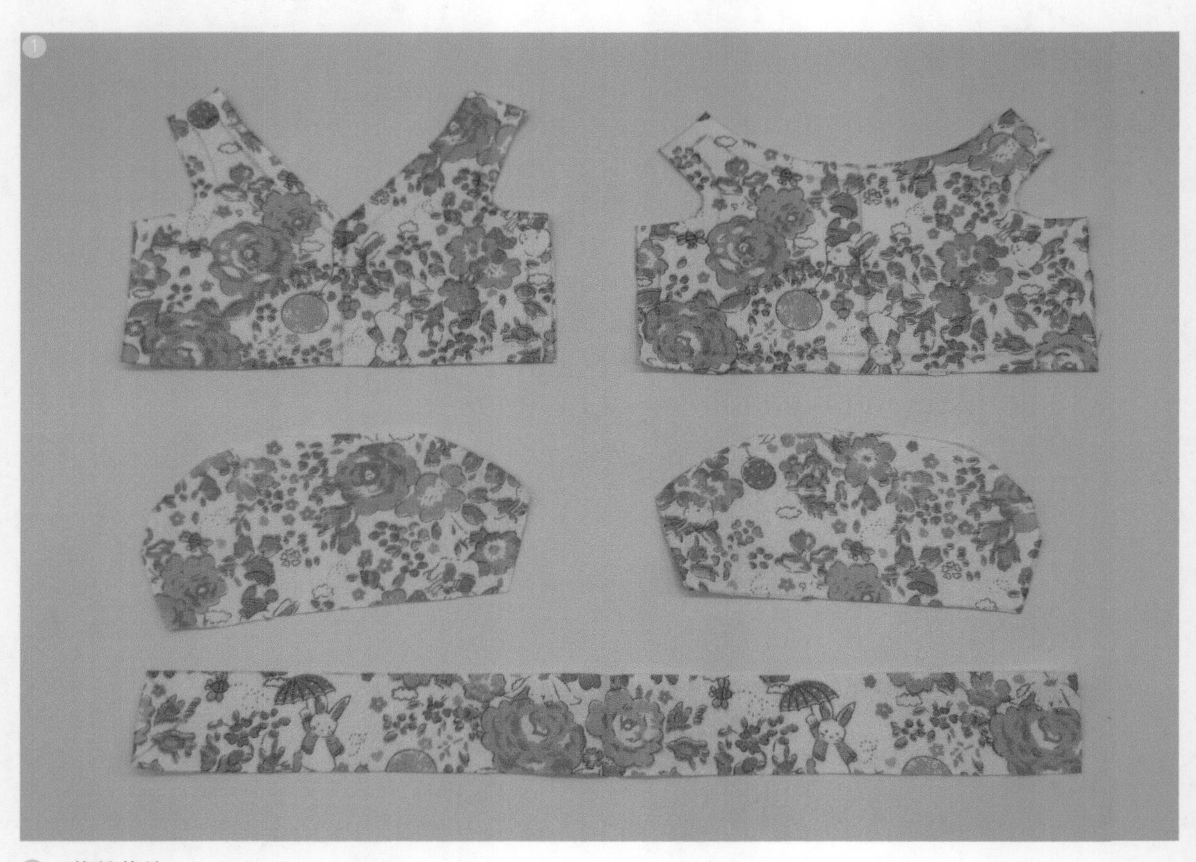

① 裁剪裁片。

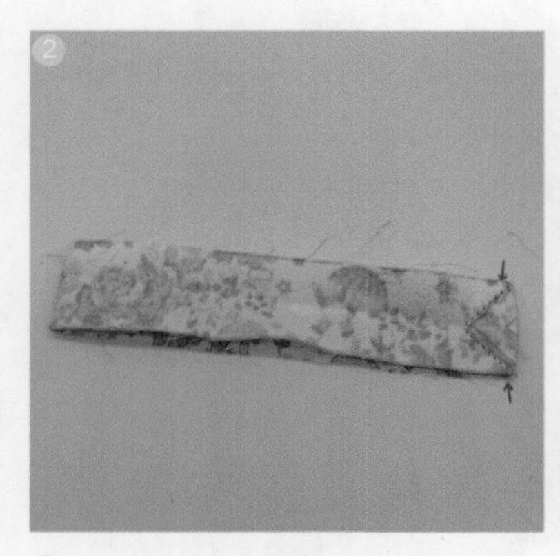

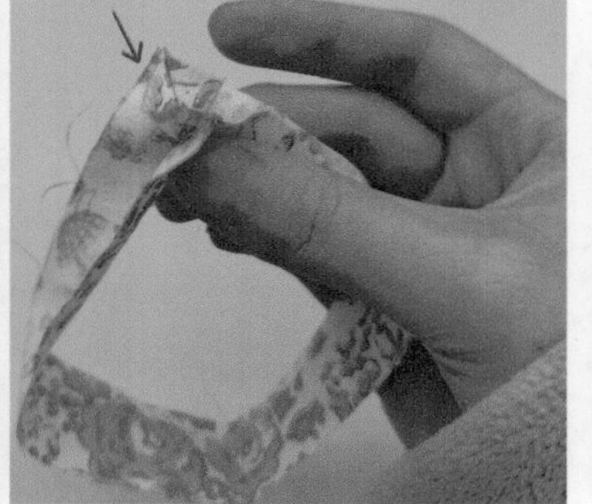

② 按照图示 V 字线迹进行缝制。

③ ~ ④ 将缝好的 V 字从中拉开，翻到正面进行熨烫整理，领子雏形制成。

⑤ 沿肩线到侧缝线对前、后片进行锁边处理，并对袖子四周进行锁边处理。

⑥ 将前、后片正面相对，并将其肩线缝合到一起。

⑦ 将袖子缝合到前、后片上，注意区分袖子的前后。

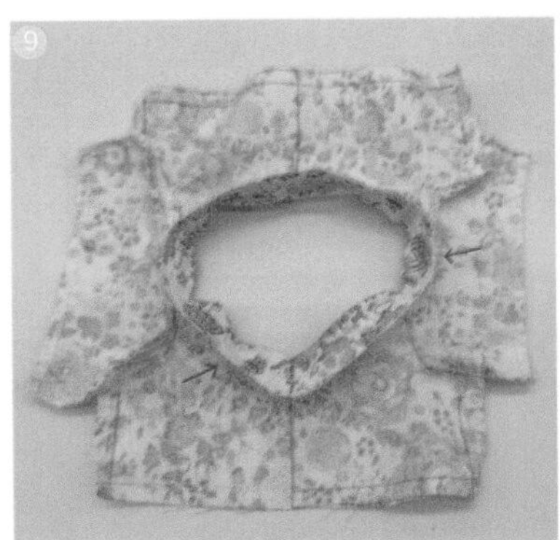

⑧～⑩ 将领子缝到衣片上并进行锁边处理，锁边后在领子和衣身正面交界处压一道明线。

⑪ 将袖子下摆向里折叠 0.7cm 并进行缝制。

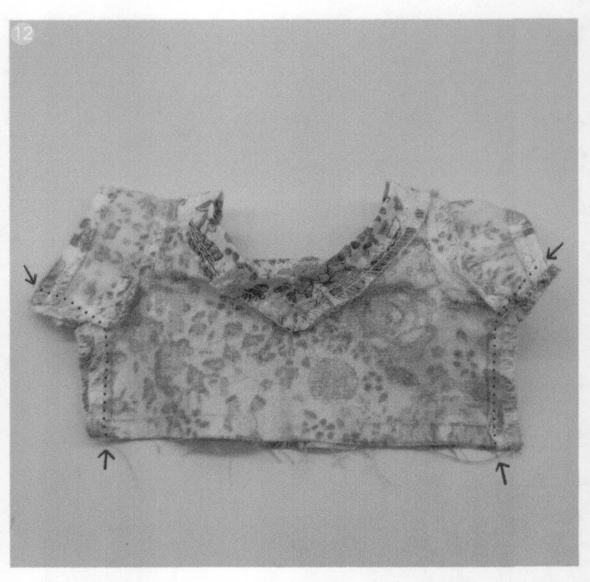

⑫ 将前、后片正面相对，并将左、右侧缝缝合到一起。

⑬ ~ ⑭ 将衣服翻到正面。对衣片的下摆进行锁边处理，锁边后将下摆向里折叠 0.7cm 并进行缝制，缝制完成。

第3章

不同袖子上衣的制版与缝制

1

正常袖上衣

成品展示

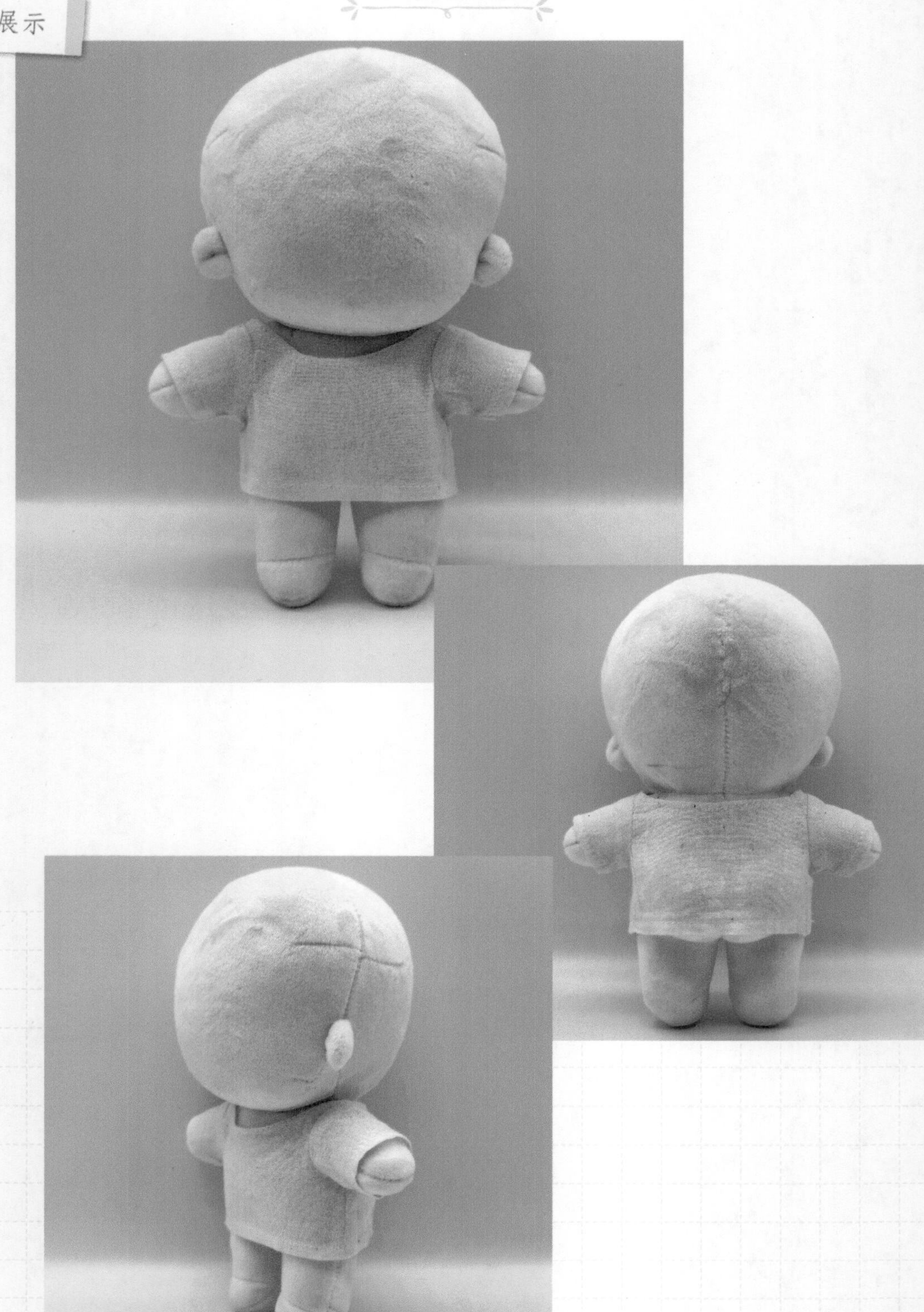

制作过程

面料说明

本案例选用纯棉白坯布，正反面相同，故案例中不区分正反面。如选用正反面不同的面料，需注意区分。该面料略微具有弹力，克重约为 250g。面料的弹力与克重均会影响制版，读者在选用面料时可参考作者所给的参数。

① 裁剪裁片。

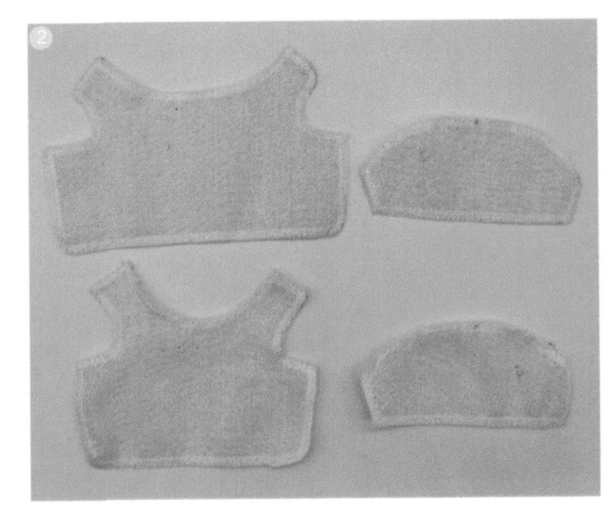

② 将裁片四周进行锁边处理。

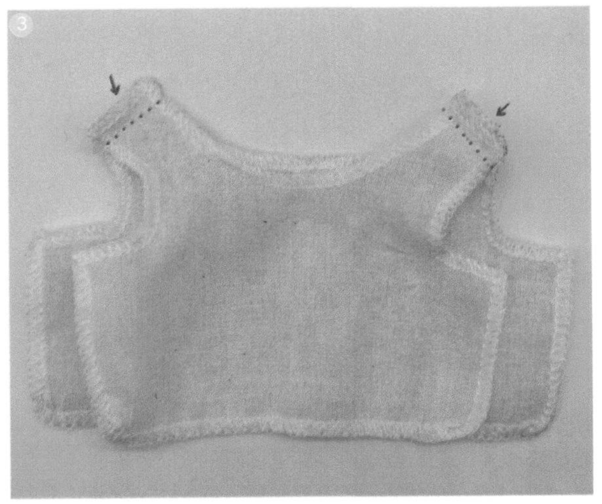

③ 将前片和后片的肩线缝合到一起。

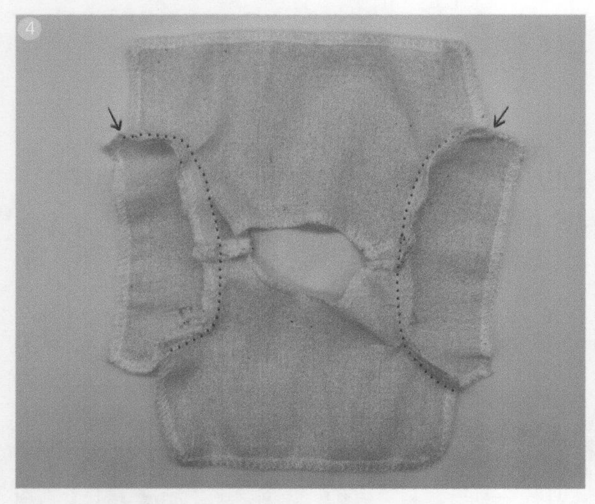

④ 将袖子和前、后片缝合到一起，注意区分袖子的前后。

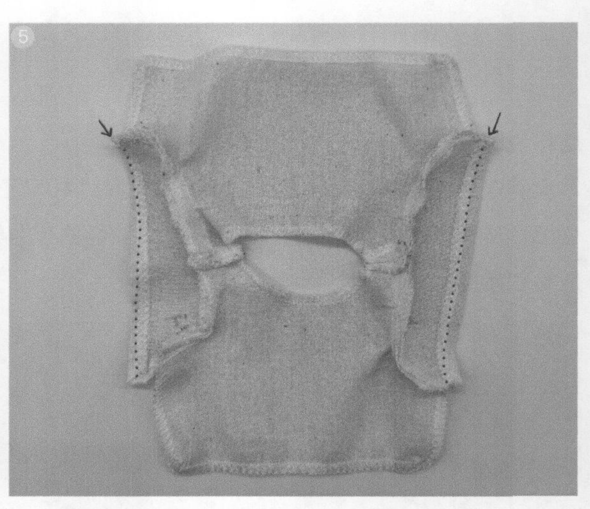

⑤ 将袖子下摆向里折叠 0.7cm 并进行缝制。

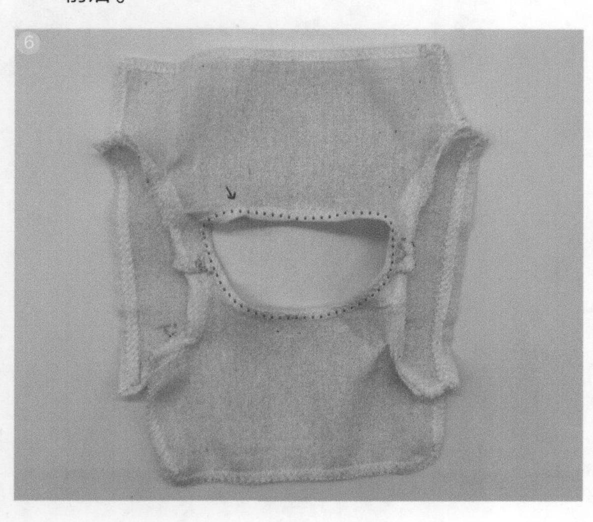

⑥ 将领子向里折叠 0.7cm 并进行缝制。

⑦ 将前、后衣片正面相对，并将左、右侧缝缝合到一起。

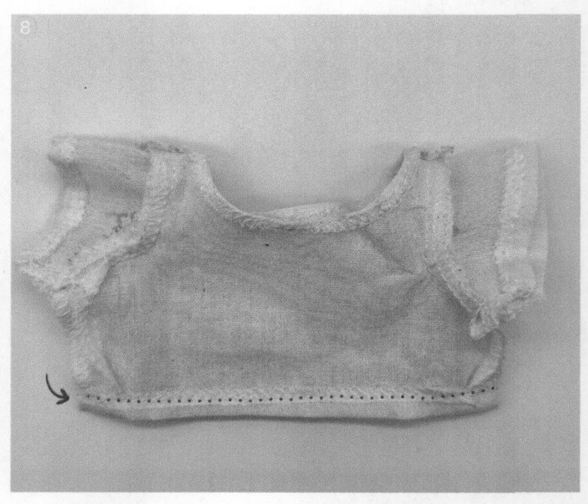

⑧ 将衣身下摆向里折叠 0.7cm 并进行缝制，缝制完成。

2

蓬蓬袖上衣

成品展示

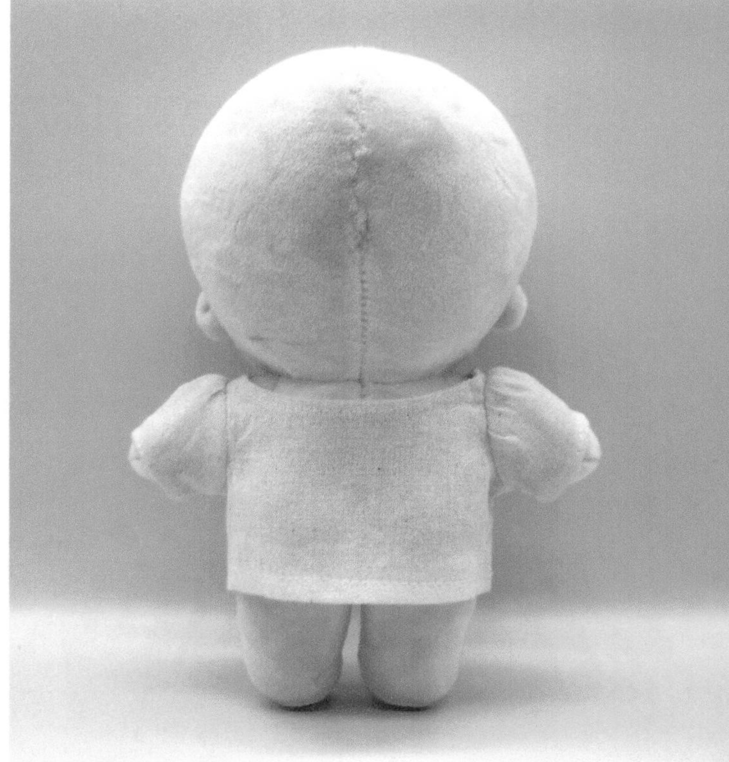

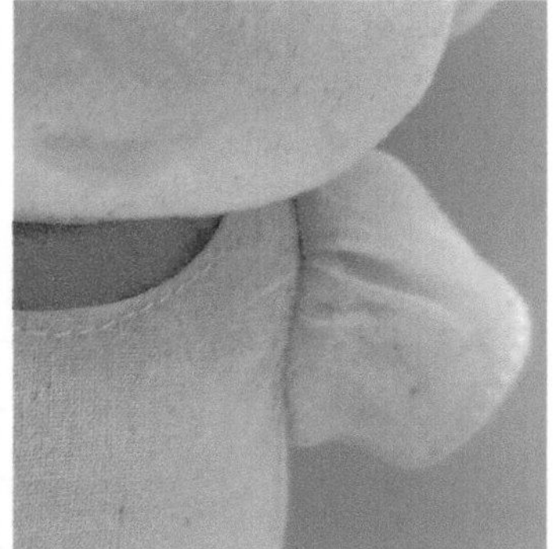

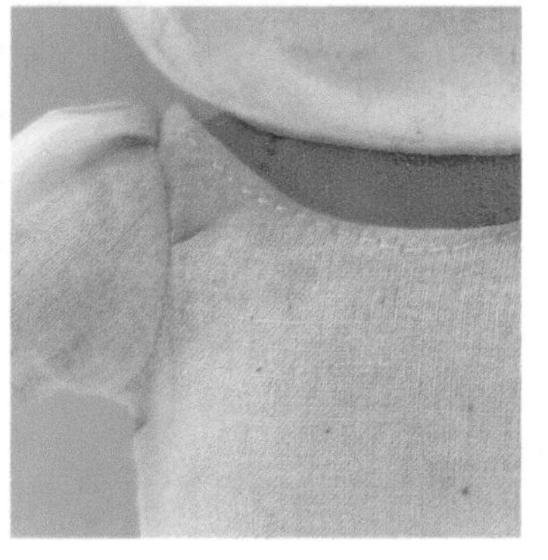

蓬蓬袖纸样的绘制方法

①：将正常袖袖片纸样的袖中线绘制出来，在距离袖中线 1cm 处左右各绘制一条直线，沿直线剪开。

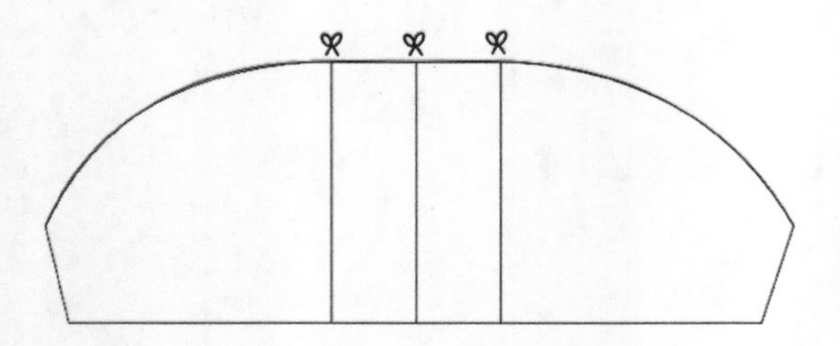

②：沿着三条直线将纸样展开，端口留 1cm 的松量。松量可按需求进行放量，松量越大，袖子越蓬。

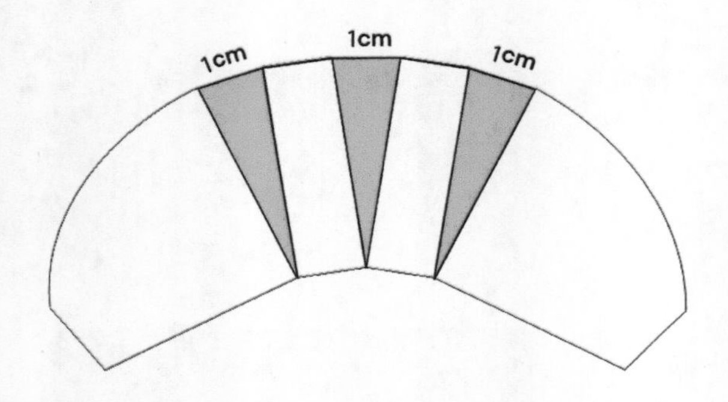

③：按展开的纸样描边，沿四周放 0.7cm 的缝份，绘制完成。

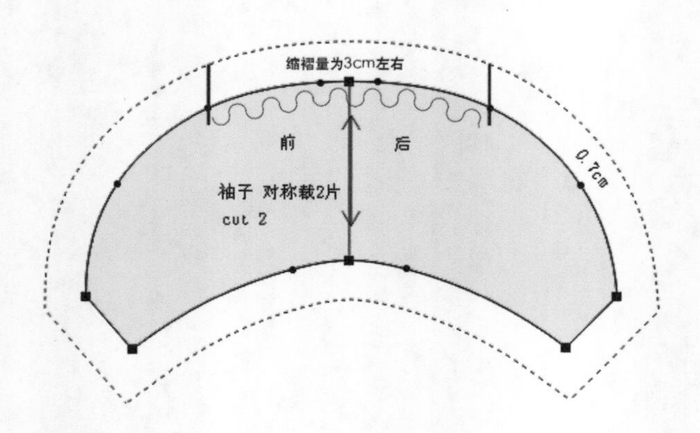

制作过程

面料说明

本案例选用纯棉白坯布，正反面相同，故案例中不区分正反面。如选用正反面不同的面料，需注意区分。该面料略微具有弹力，克重约为 250g。面料的弹力与克重均会影响制版，读者在选用面料时可参考作者所给的参数。

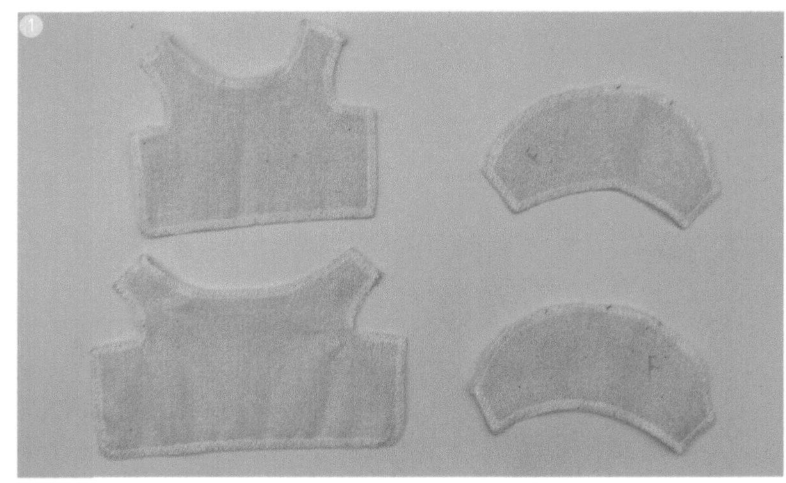

① 裁剪裁片。

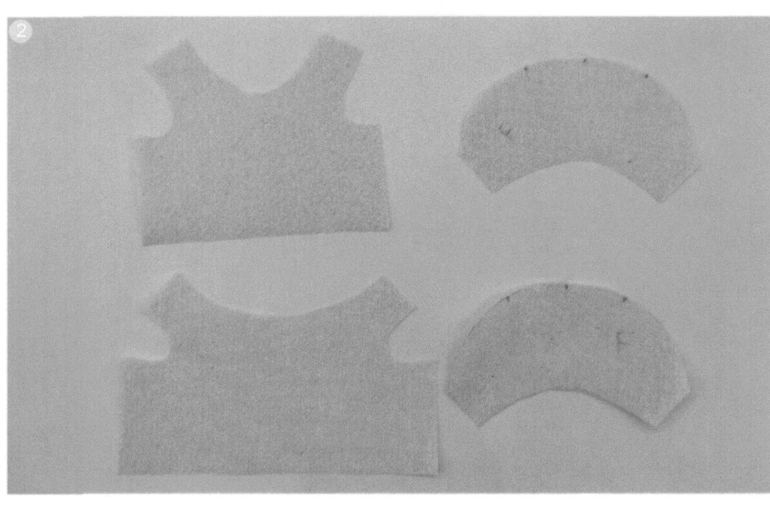

② 对裁片四周进行锁边处理。

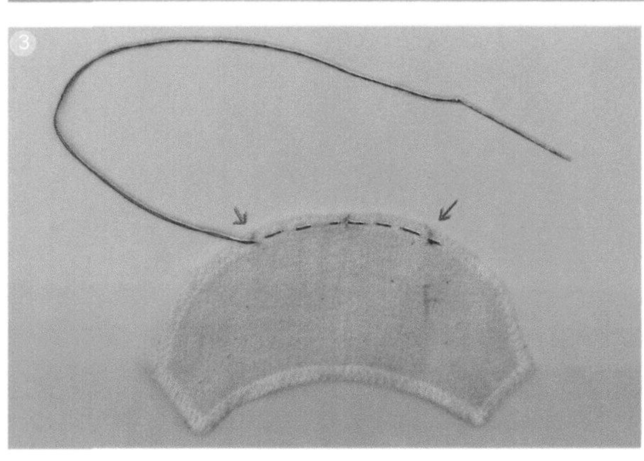

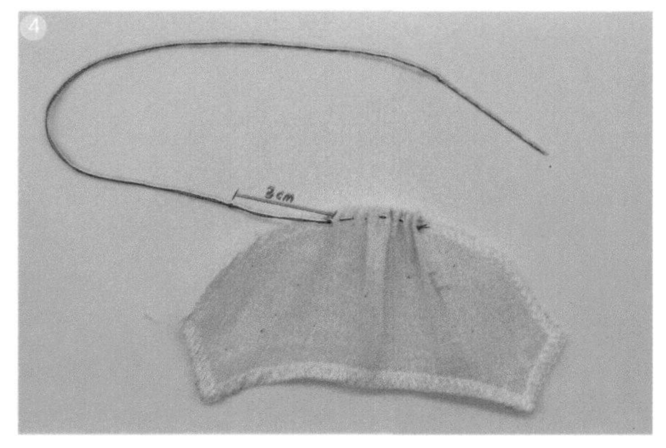

③ ~ ④ 在袖子裁片处压一道明线，随后将线扯紧进行抽碎褶，抽褶后约为 3cm。

⑤ 将前片与后片的肩线缝合到一起。

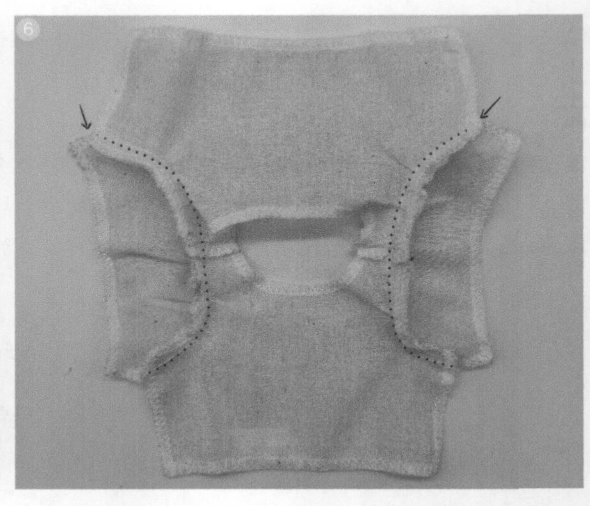

⑥ 将袖子与前、后片缝合到一起，注意区分袖子的前后。

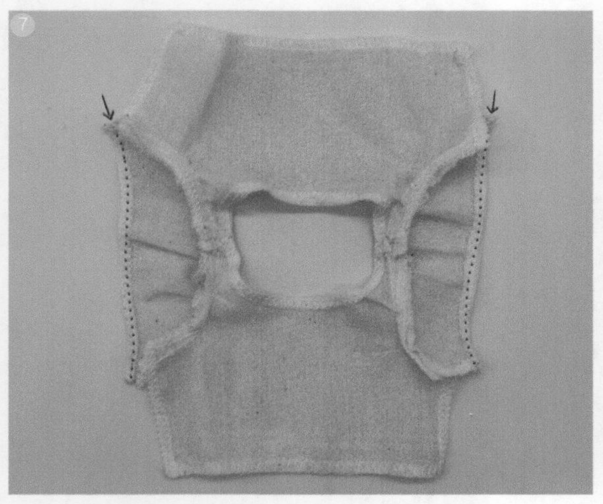

⑦ 将袖子下摆向里折叠 0.7cm 并进行缝制。

⑧ 将领子向里折叠 0.7cm 并进行缝制。

⑨ 将前、后片正面相对，并将左、右侧缝缝合到一起。

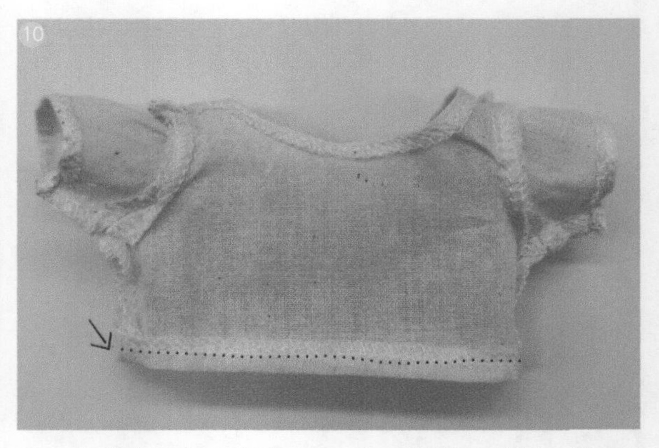

⑩ 将衣身下摆向里折叠 0.7cm 并进行缝制，缝制完成。

3

喇叭袖上衣

成品展示

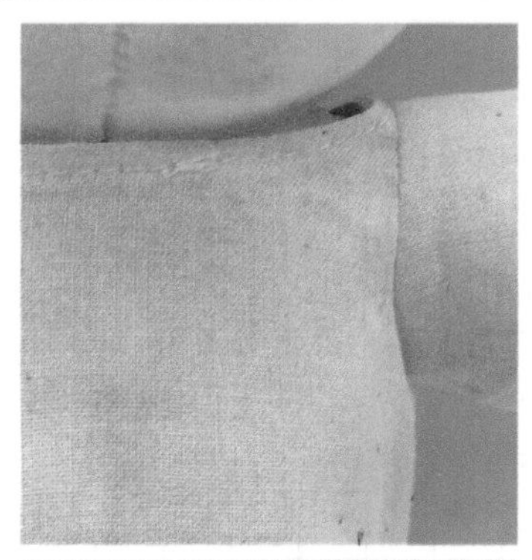

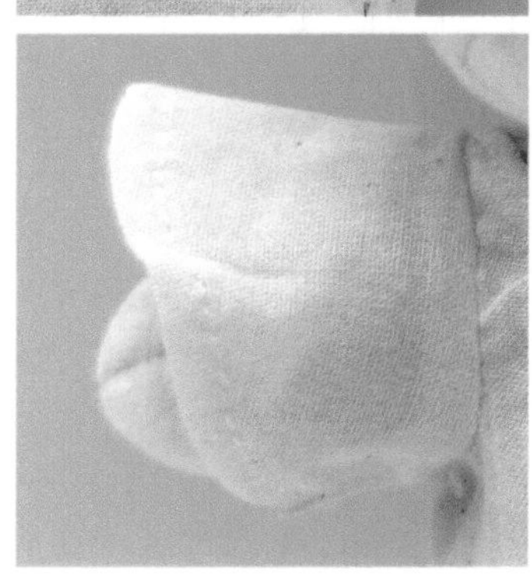

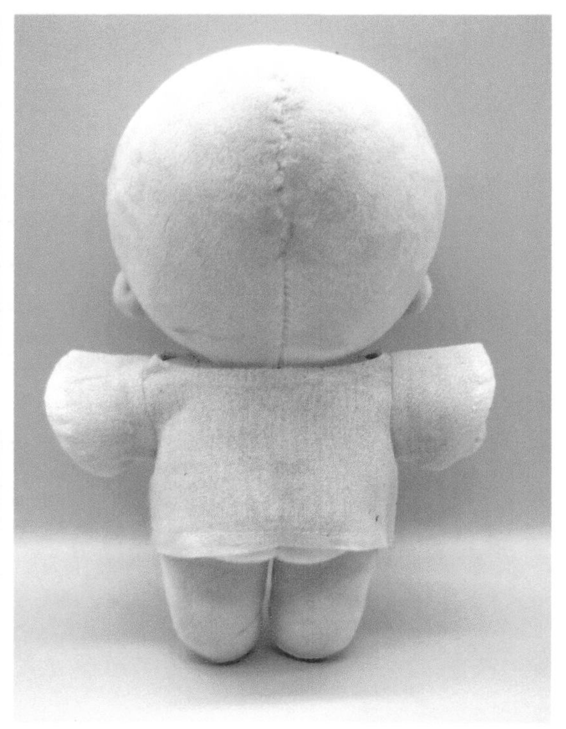

喇叭袖纸样的绘制方法

①：将正常袖袖片纸样的下摆进行六等分，沿等分线剪开。

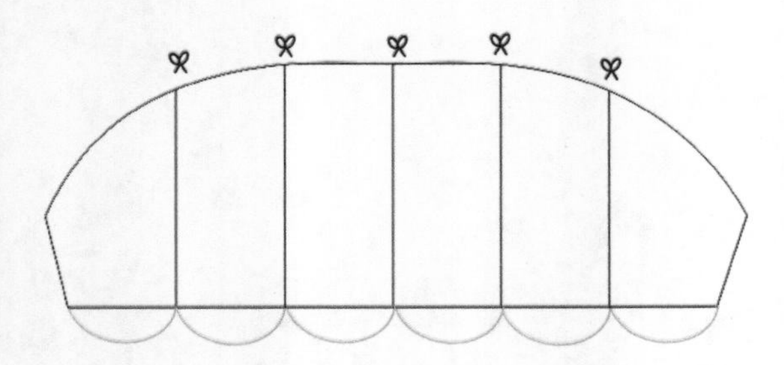

②：沿直线展开，尾端松量为 1cm，共展开 5cm。松量可按需求增减，松量越大，袖子喇叭形状越大。

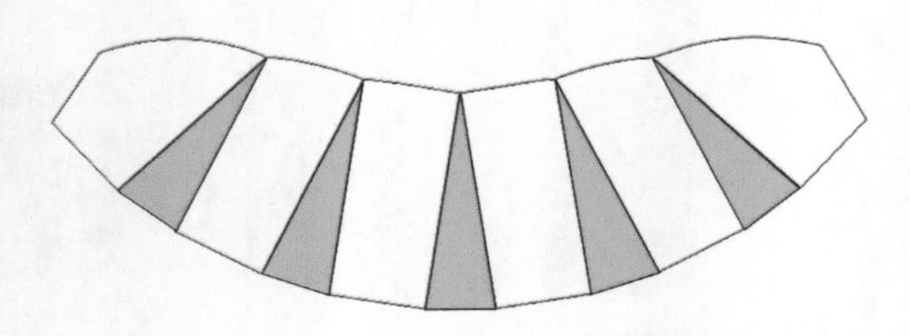

③：按展开的纸样描边，并沿四周放 0.7cm 缝份，绘制完成。

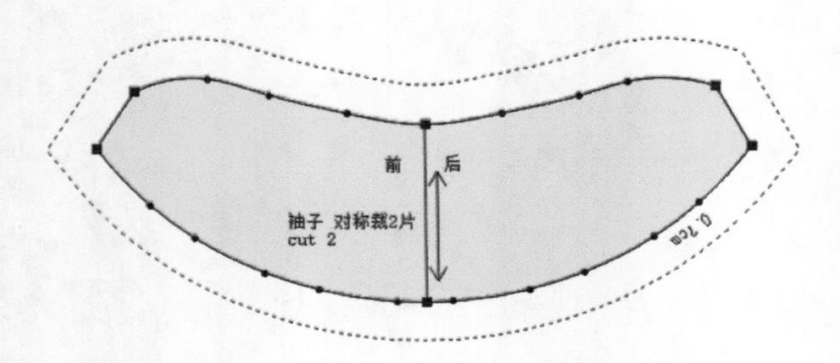

制作过程

面料说明

本案例选用纯棉白坯布，正反面相同，故案例中不区分正反面。如选用正反面不同的面料，需注意区分。该面料略微具有弹力，克重约为 250g。面料的弹力与克重均会影响制版，读者在选用面料时可参考作者所给的参数。

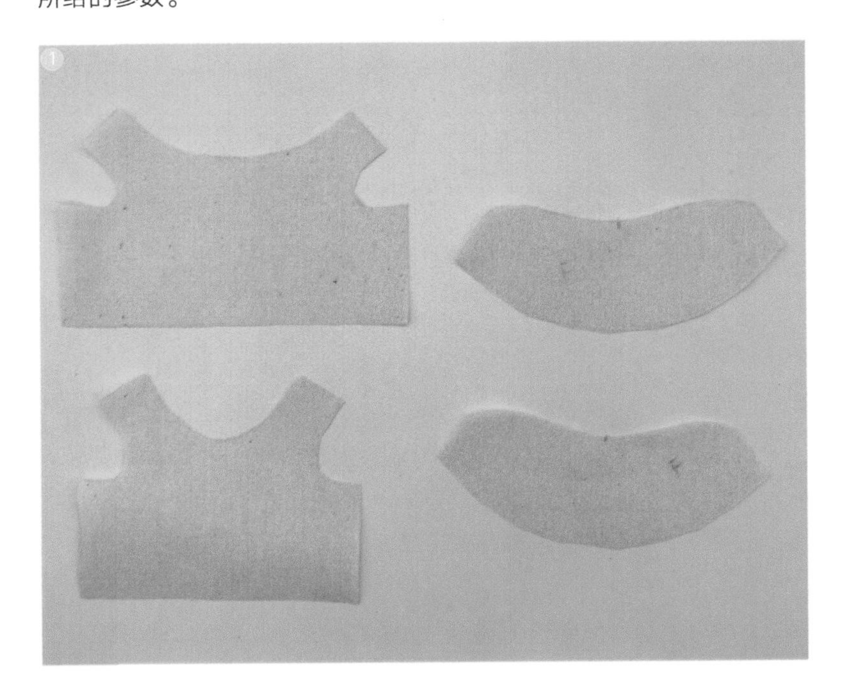

① 裁剪裁片。

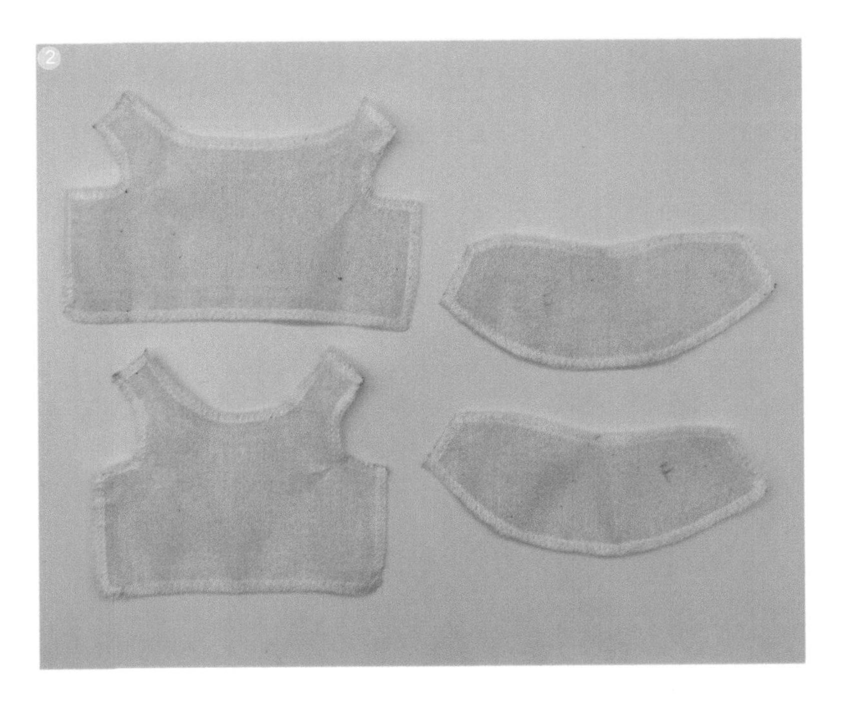

② 对裁片四周进行锁边处理。

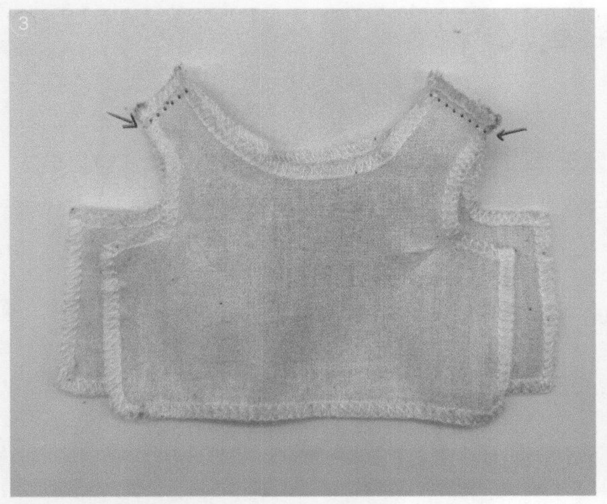

③ 将前片与后片的肩线缝合到一起。

④ 将领子向里折叠 0.7cm 并进行缝制。

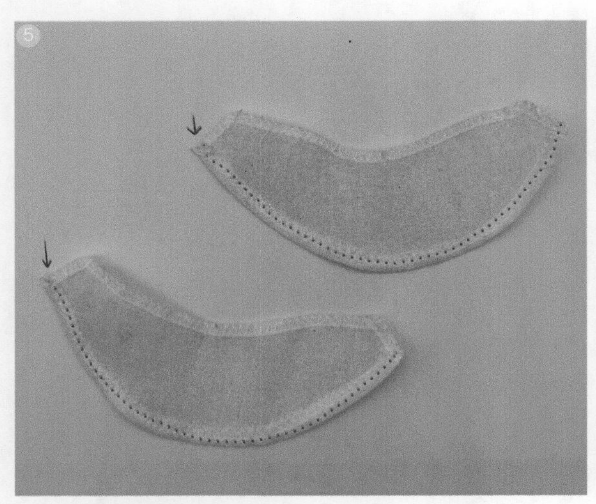

⑤ 将袖子下摆向里折叠 0.7cm 并进行缝制。

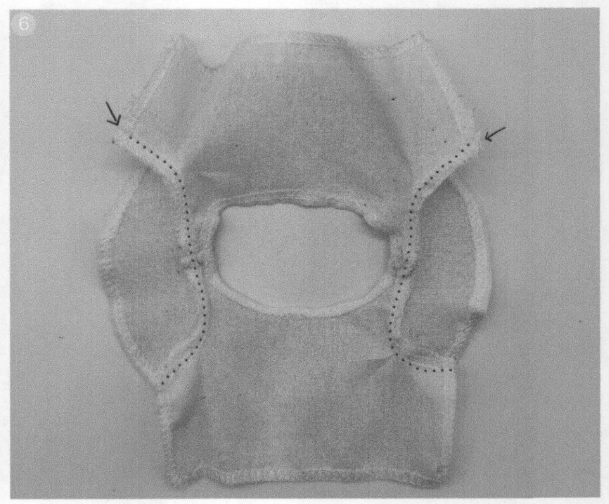

⑥ 将袖子缝合到前、后片上，注意区分袖子的前后。

⑦ 将前、后片正面相对，并将左、右侧缝缝合到一起。

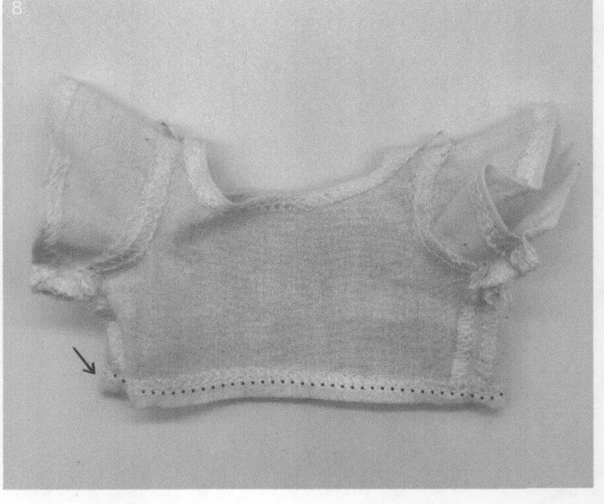

⑧ 将衣身下摆向里折叠 0.7cm 并进行缝制，缝制完成。

4

插肩袖上衣

成品展示

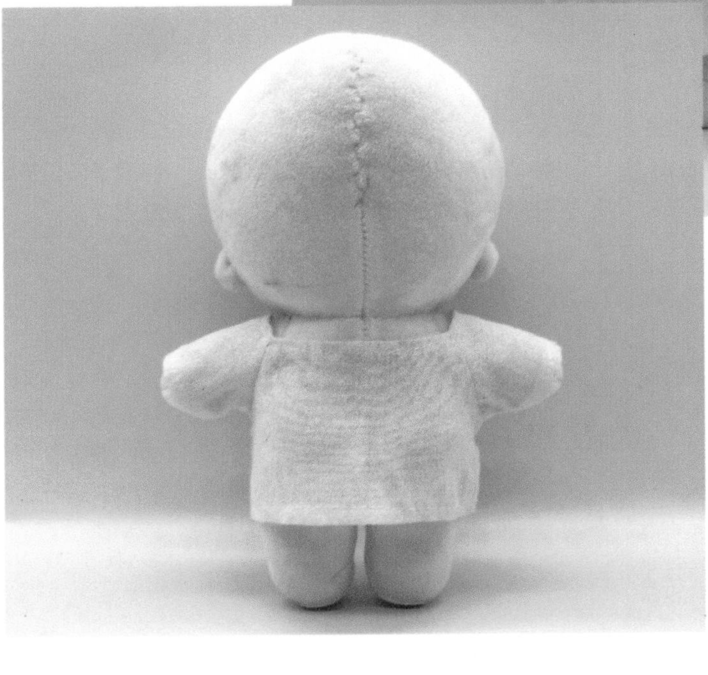

制作过程

面料说明

本案例选用纯棉白坯布，正反面相同，故案例中不区分正反面。如选用正反面不同的面料，需注意区分。该面料略微具有弹力，克重约为 250g。面料的弹力与克重均会影响制版，读者在选用面料时可参考作者所给的参数。

① 裁剪裁片。

② 对裁片四周进行锁边处理。

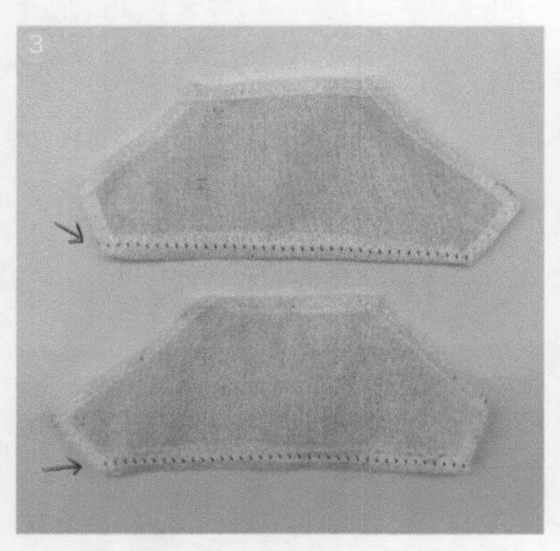

③ 将袖子下摆向里折叠 0.7cm 并进行缝制。

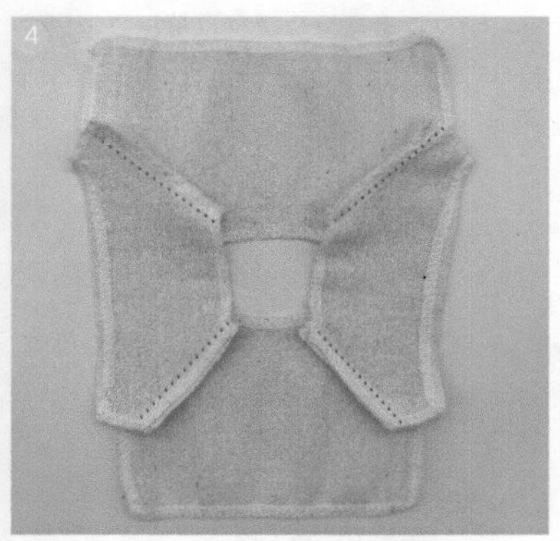

④ 将袖子与前、后片缝合到一起，注意区分袖子的前后。

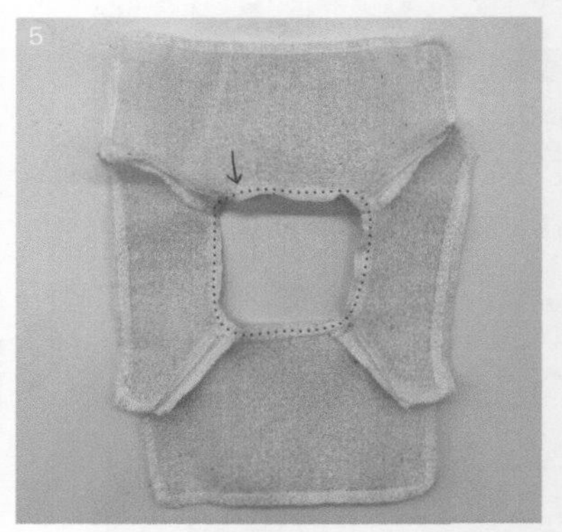

⑤ 将领子向里折叠 0.7cm 并进行缝制。

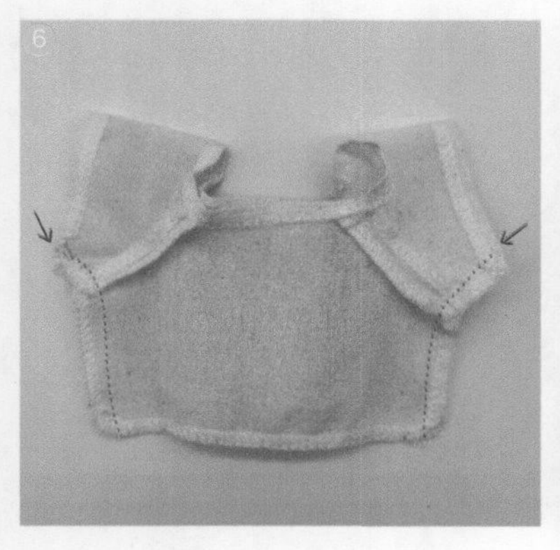

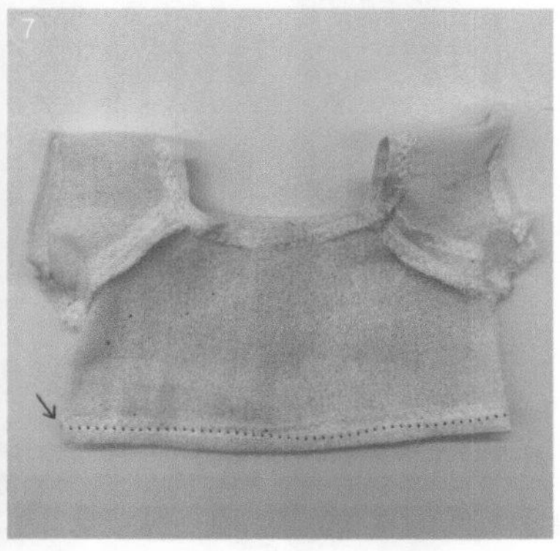

⑥ 将前、后片正面相对，并将左、右侧缝缝合到一起。

⑦ 将衣身下摆向里折叠 0.7cm 并进行缝制，缝制完成。

第4章

裤子的制版与缝制

1

基础运动裤

成品展示

制作过程

面料说明

本案例选用成分为 90% 棉和 10% 氨纶的布料，缝制时需注意区分该面料的正反面，较粗糙且颗粒感较强的一面为反面。该面料具有较大弹力，克重约为 220g。面料的弹力与克重均会影响制版，读者在选用面料时可参考作者所给的参数。

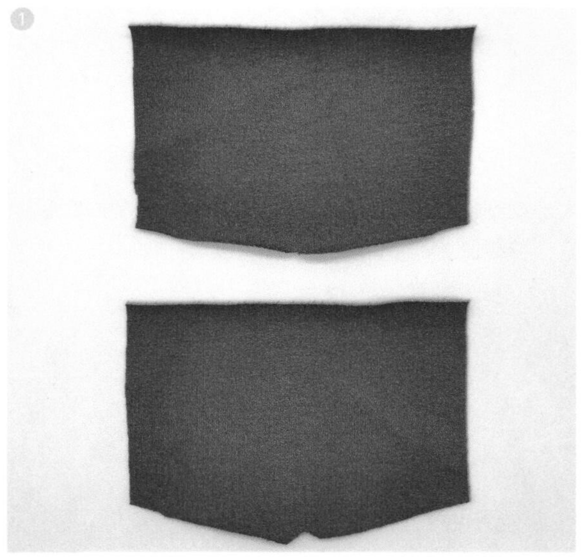

① 裁剪裁片。

② 对裁片四周进行锁边处理。

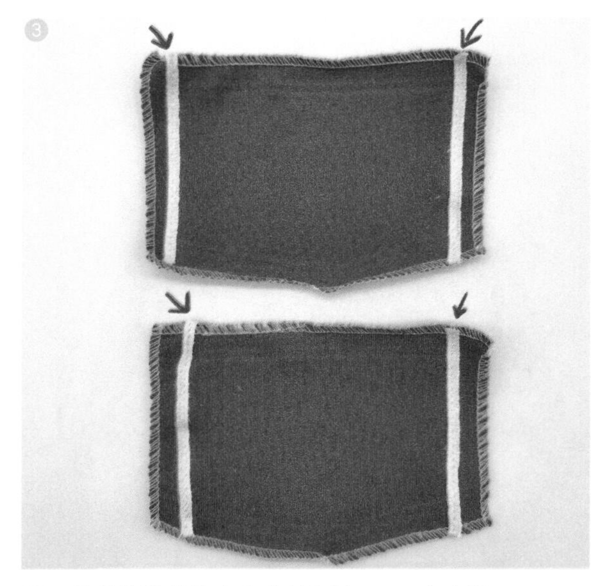

③ 将装饰襟线缝在离裁片侧缝 1cm 左右处。

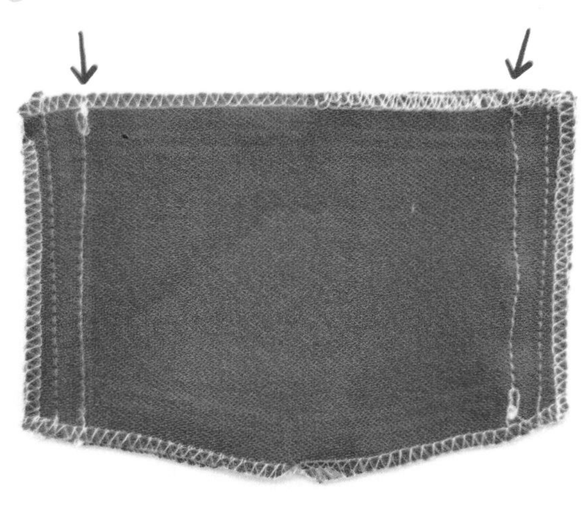

④ 将两片裁片正面相对，并将左、右侧缝缝合到一起，注意不要缝到装饰襟线。

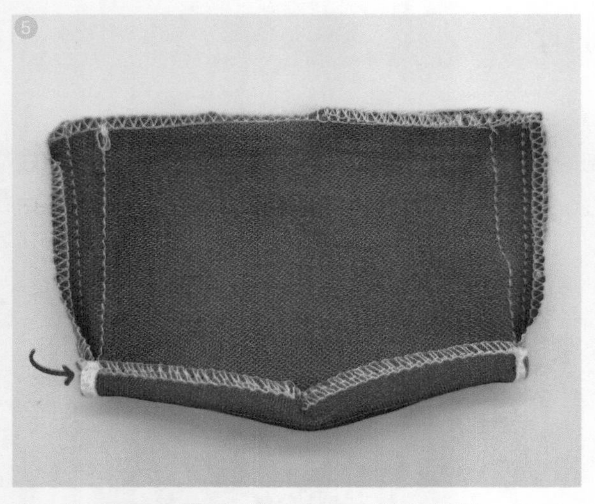

5 将裤子下摆向里折叠 0.7cm 并进行缝制。

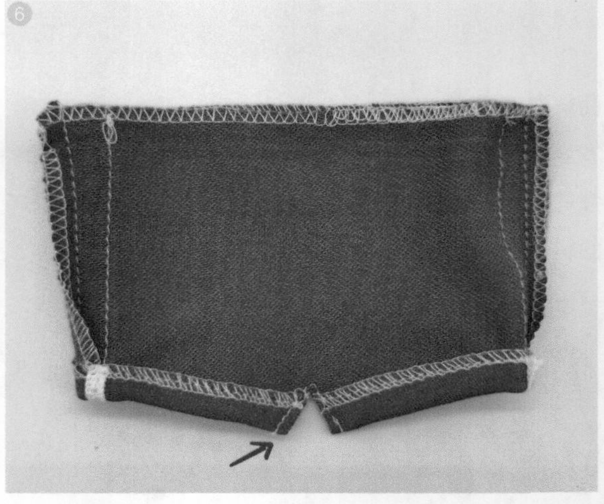

6 缝制裤裆线，裤裆高为 1~1.5cm，缝制好之后修剪缝份。

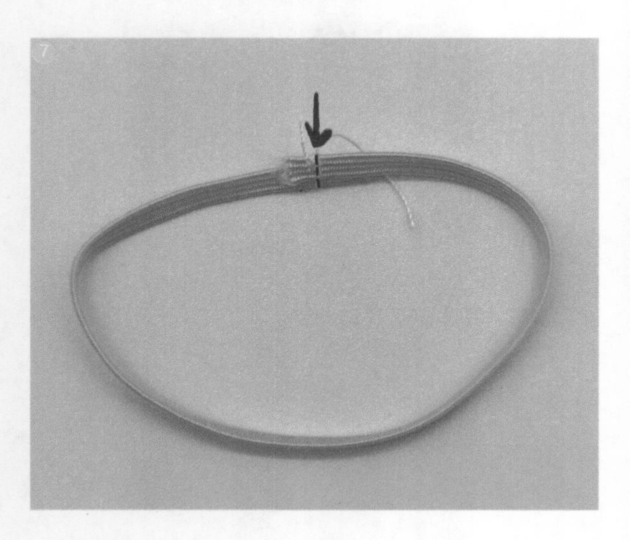

7 取一根 17cm 左右长的松紧带，将松紧带两端缝合到一起。

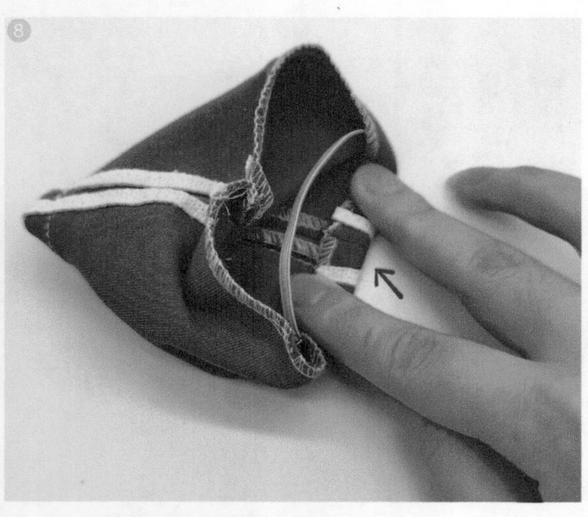

8 ~ 9 将裤头向里折叠 0.7cm，并将松紧带包在里面进行缝制，注意缝制时不要缝到松紧带。将裤子翻到正面，缝制完成。

2

南瓜裤

成品展示

制作过程

面料说明

本案例选用纯棉提花布料，缝制时需注意区分面料的正反面，提花凸起面为正面。该面料几乎没有弹力，克重约为 160g。面料的弹力与克重均会影响制版，读者在选用面料时可参考作者所给的参数。

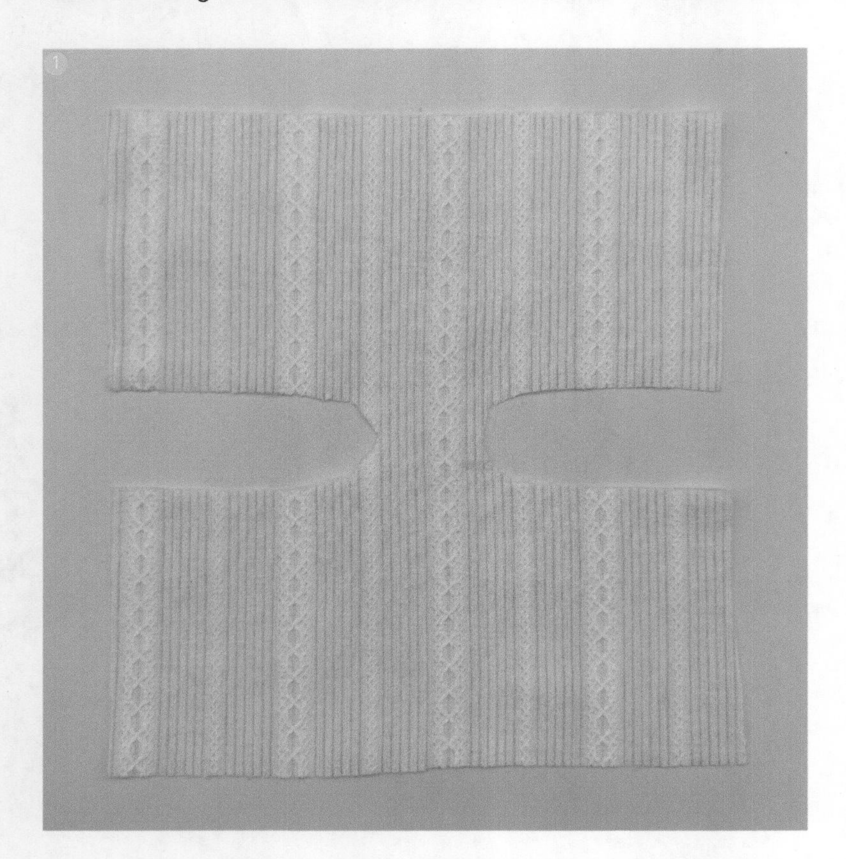

① 裁剪裁片。

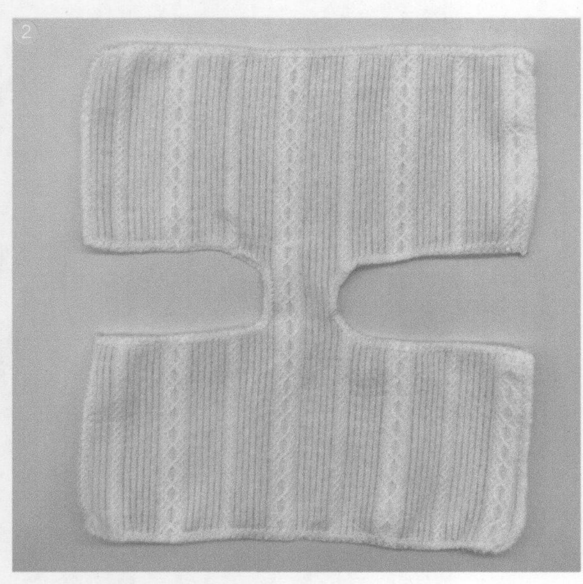

② 对裁片四周进行锁边处理。

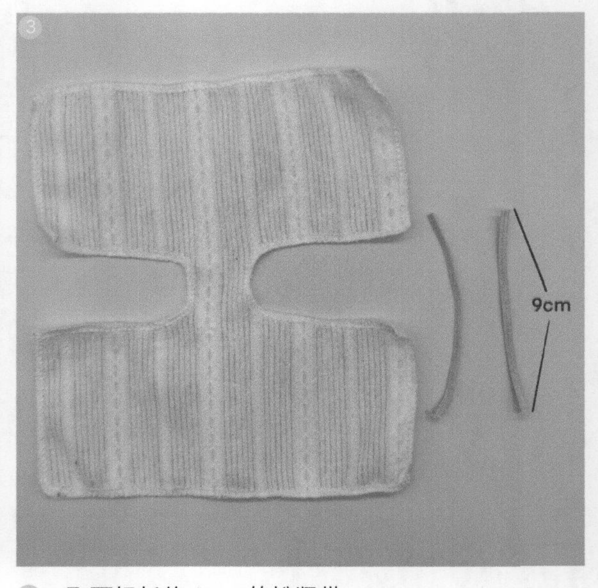

③ 取两根长约 9cm 的松紧带。

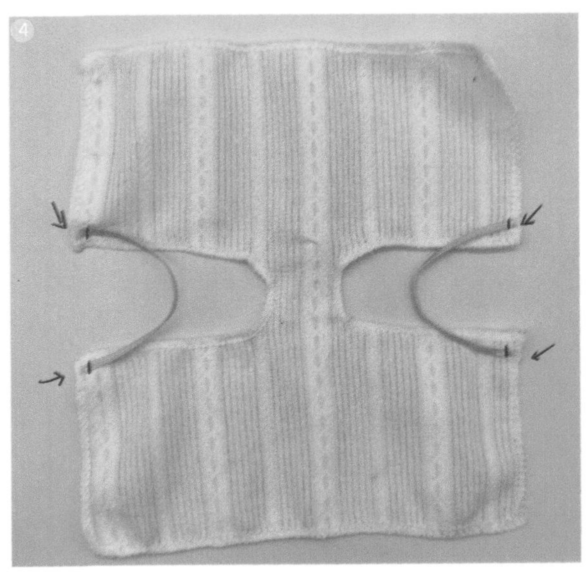

④ 将松紧带两端分别缝在裤脚的两个端口处。

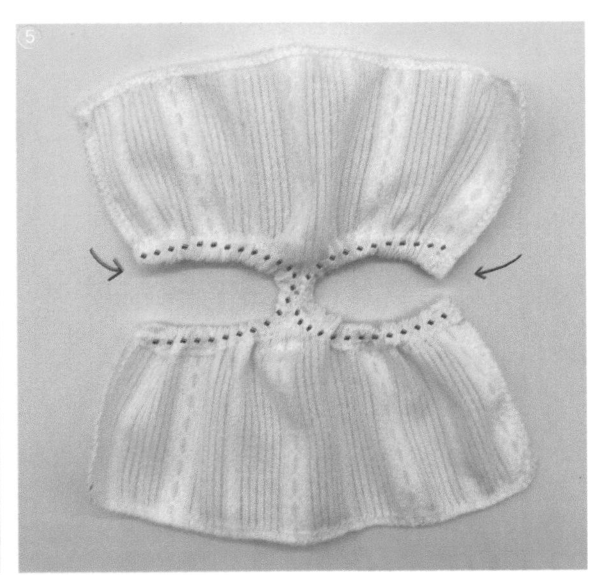

⑤ 将裤脚向里折叠 0.7cm，并将松紧带包在里面进行缝制。注意缝制时不要缝到松紧带。

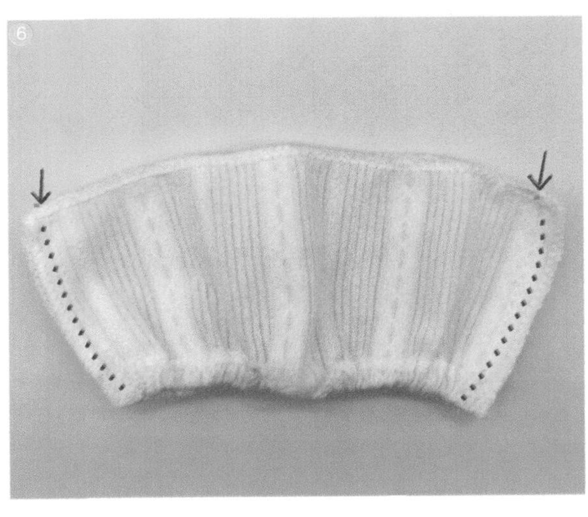

⑥ 将裁片正面相对，并将左、右侧缝缝合到一起。

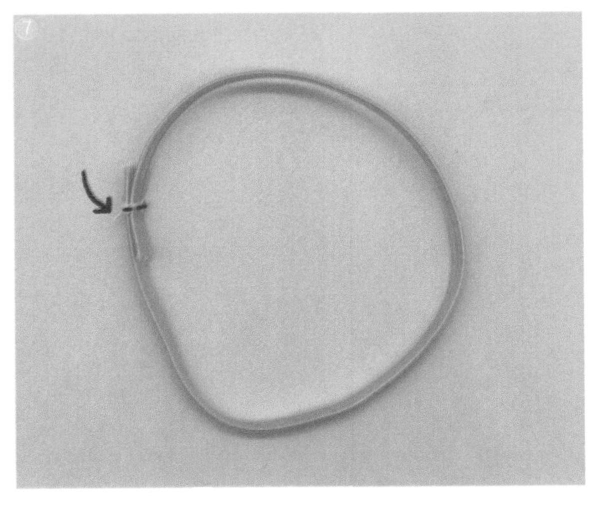

⑦ 取一根 17cm 左右长的松紧带并将松紧带两端缝合到一起。

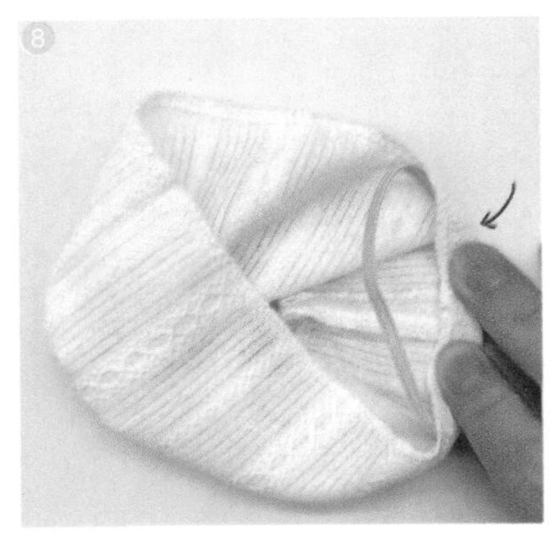

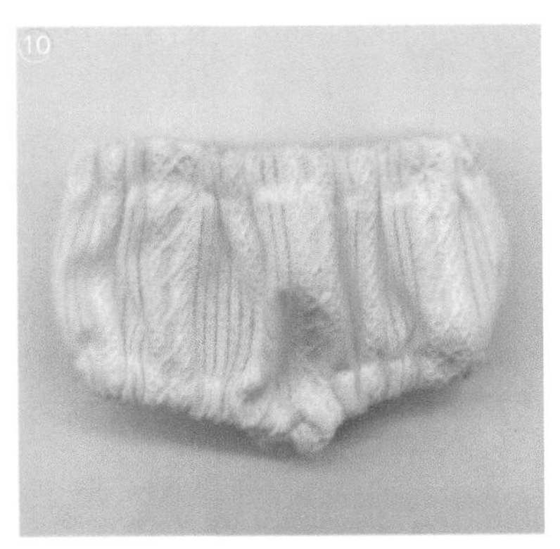

⑧～⑨ 将裤头向里折叠 0.7cm，并将松紧带包在里面绕裤头进行缝制。注意缝制时不要缝到松紧带。

⑩ 将裤子翻到正面，缝制完成。

3

面包裤

成品展示

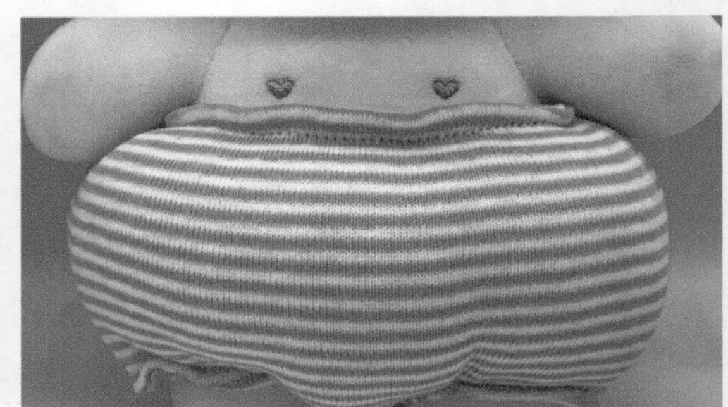

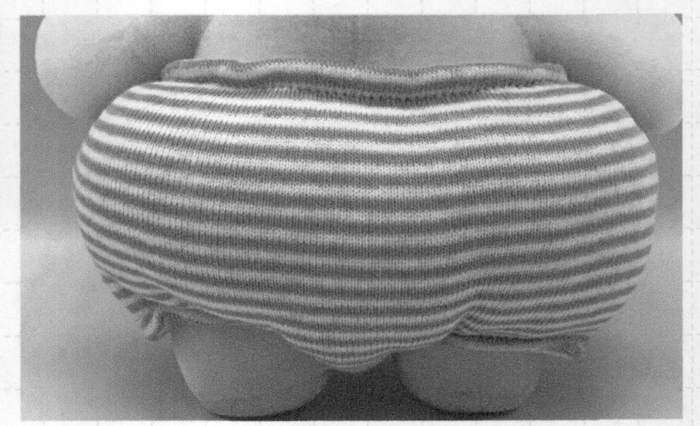

制作过程

面料说明

本案例选用成分为 95% 棉和 5% 氨纶的布料，该面料正反面相同，故案例中不区分正反面。该面料具有较大弹力，克重约为 400g。面料的弹力与克重均会影响制版，读者在选用面料时可参考作者所给的参数。

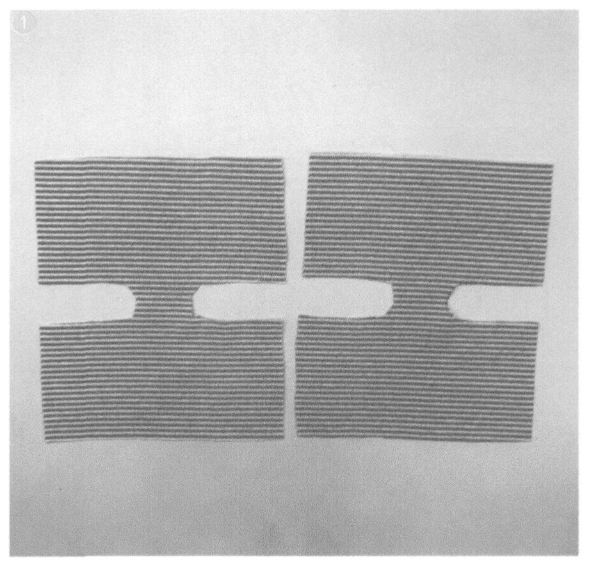

① 裁剪裁片。

② 将两片裁片缝合在一起，侧缝处留一小段不缝制，作为返口。

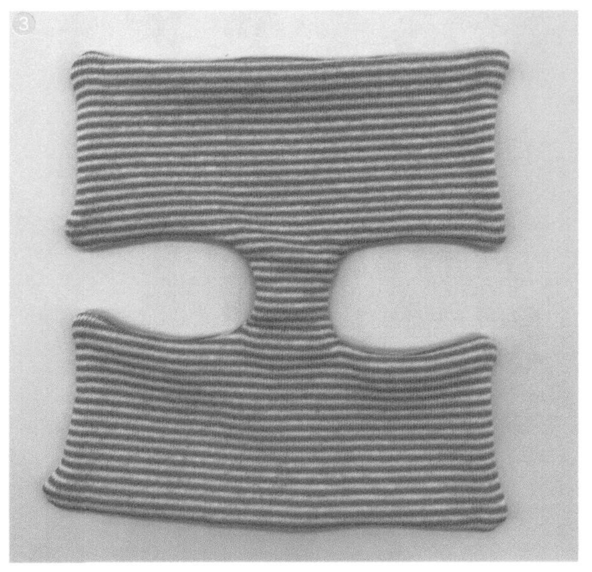

③ 从返口处将裤子翻到正面。

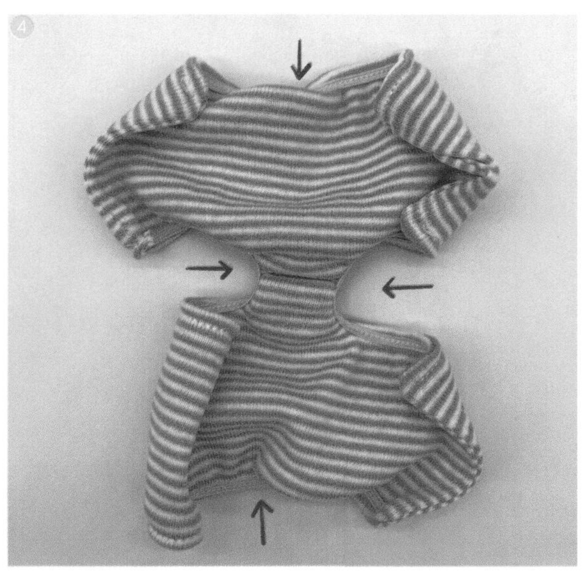

④ 在两边裤头和两边裤脚处分别缝上松紧带，缝制松紧带时将松紧带扯紧，一边扯紧一边缝制。

⑤ 从返口处塞入适量棉花填充裤子，根据自身喜好选择填充量。

⑥ 将返口缝合起来。

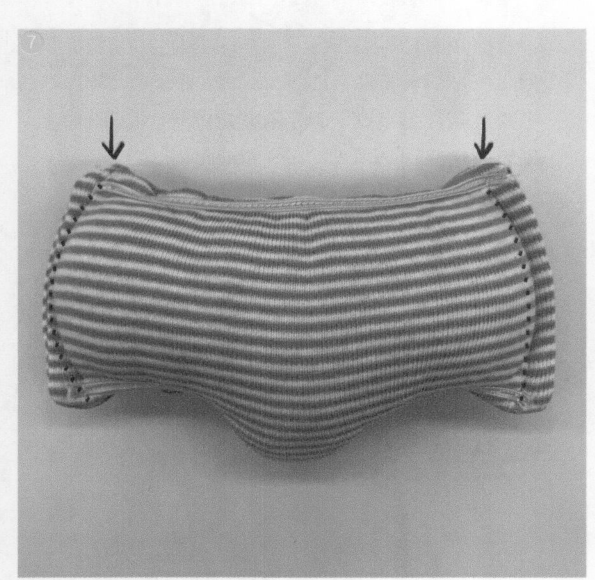

⑦~⑧ 将前、后片正面相对，并将左、右侧缝缝合到一起，对裤子进行整理，缝制完成。

4

连袜裤

成品展示

制作过程

面料说明

本案例选用纯棉提花螺纹布料，提花凸起面为正面。该面料弹力适中，克重约为 150g。面料的弹力与克重均会影响制版，读者在选用面料时可参考作者所给的参数。

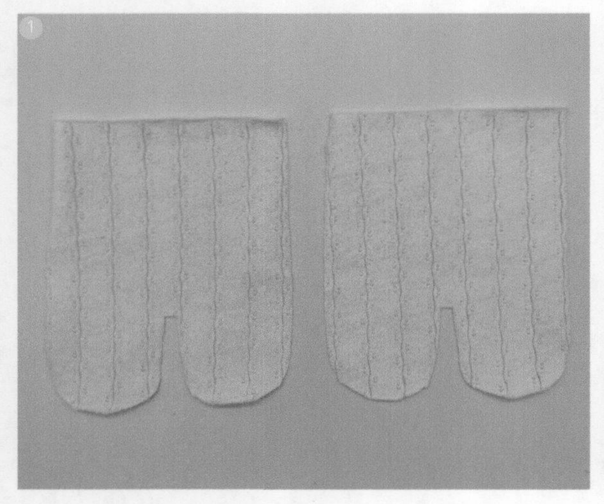

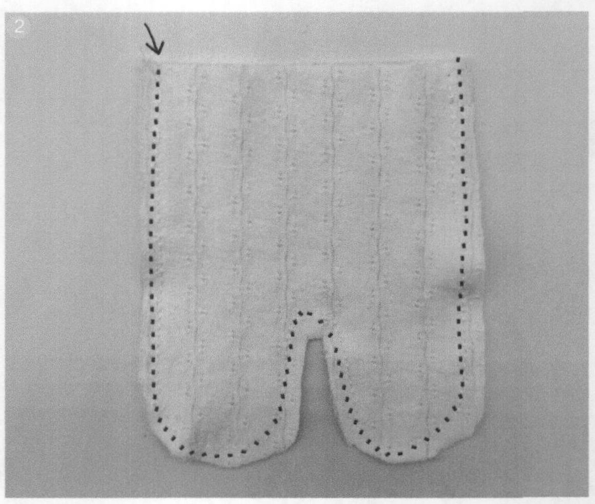

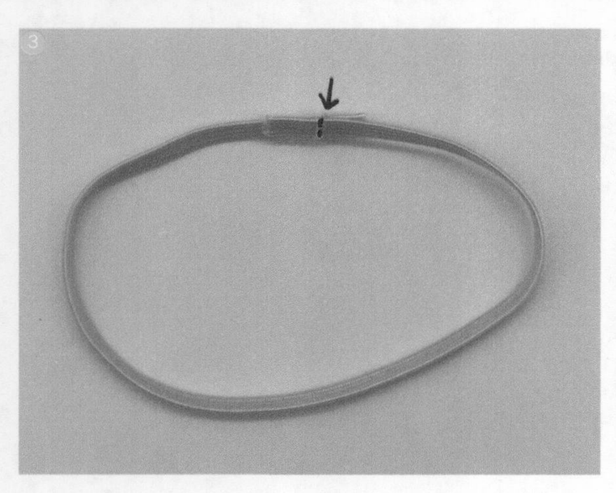

1. 裁剪裁片。
2. 将两片裁片正面相对，沿两侧和下方进行缝合。
3. 取一根长约 17cm 的松紧带，并将两端缝合到一起。
4. 将裤子翻到正面。将裤头向里折叠 0.7cm，将松紧带包在里面缝制。注意缝制时不要缝到松紧带。
5. 缝制完成。

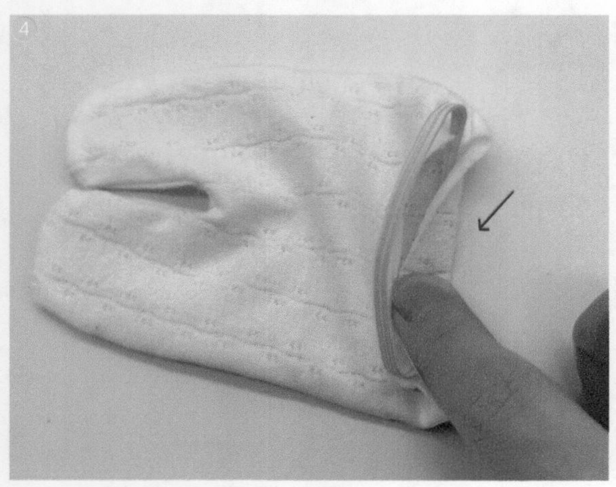

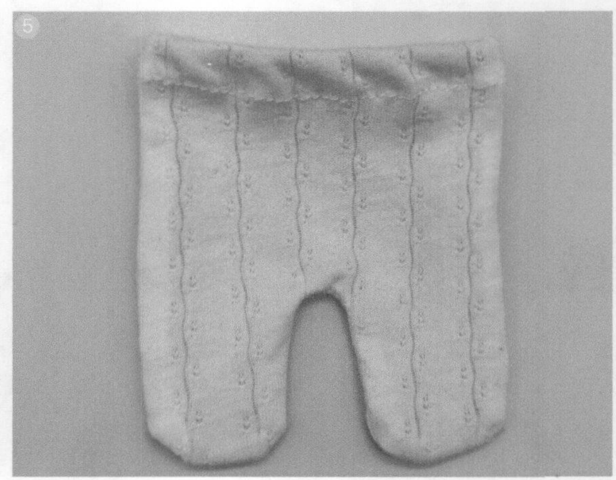

5

背带裤

制作过程

面料说明

咖色斜纹布料：成分为 97% 棉和 3% 氨纶，布料微弹，克重约为 320g，有明显斜纹的一面为正面。

咖色格子纯棉先染布料：成分为 100% 棉，无弹力，克重约为 270g，无正反面区分。

面料的弹力与克重均会影响制版，读者在选用面料时可参考作者所给的参数。

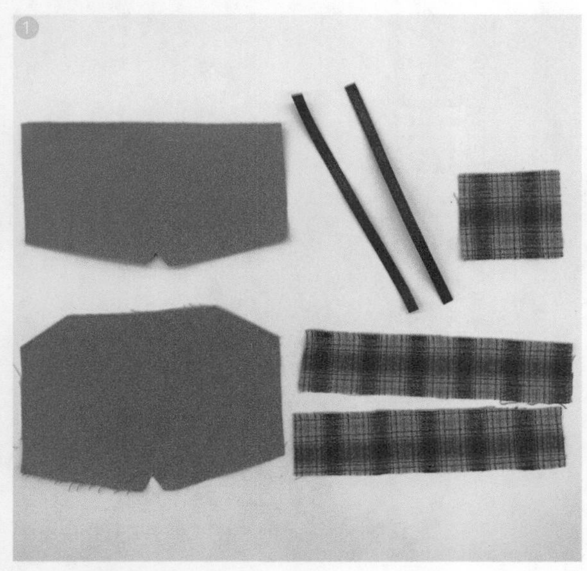

① 裁剪裁片。

② 将口袋裁片按图所示折叠并进行熨烫，将两个包边条折叠两次并进行熨烫。

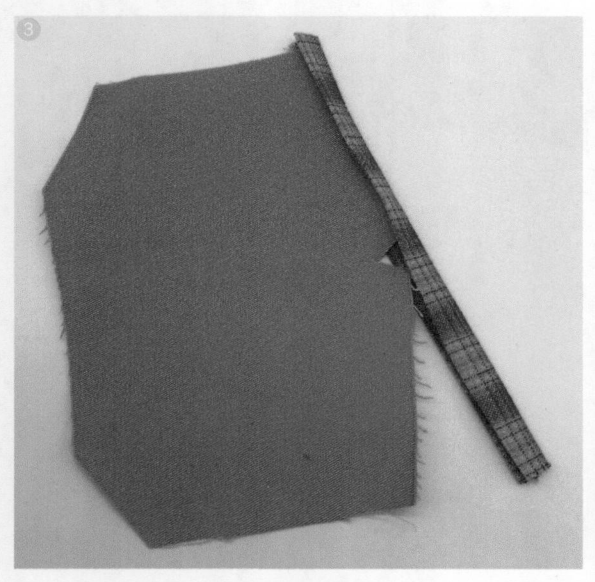

③ ~ ④ 用两个包边条分别包裹前、后片的裤脚毛边并进行缝制。

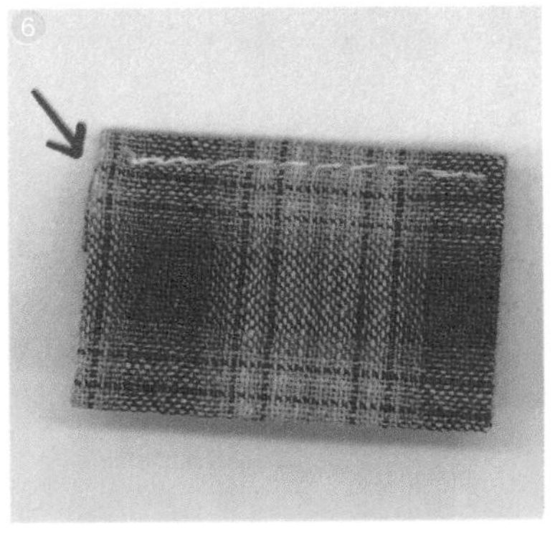

⑤ 对裤子前、后片进行锁边处理。

⑥～⑦ 在口袋上端压一道明线，将口袋固定在裤子前片上并进行缝制。

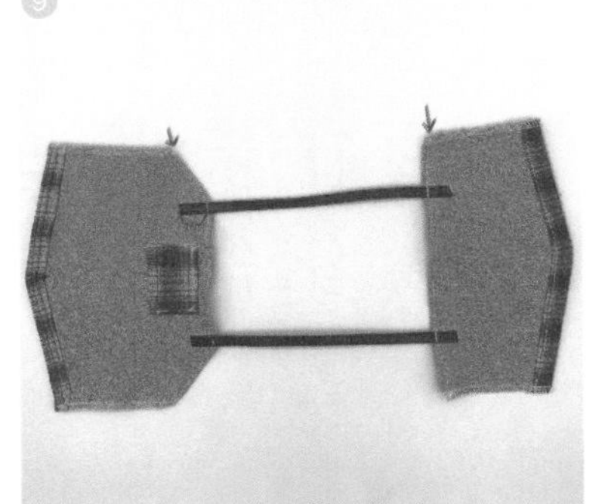

⑧ 将前、后片上端向里折叠 0.7cm 并进行熨烫处理。

⑨～⑩ 取两根长约 10cm 的皮带，缝制在前、后片裤头处，注意皮带两端各留出约 1cm 的长度。将裤子前、后片正面相对，将侧缝缝合到一起。

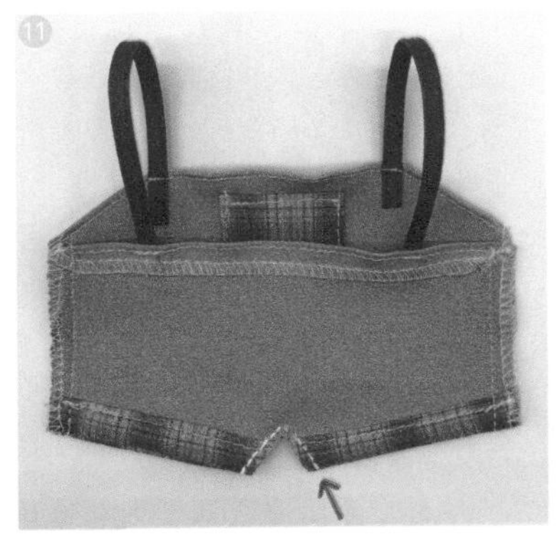

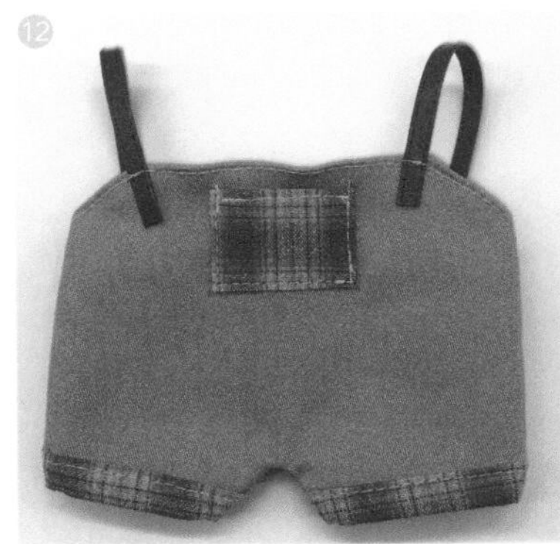

⑪～⑬ 缝制裤裆线，裤裆高为 1~1.5cm，缝制好之后修剪缝份。将裤子翻到正面，适当熨烫一些烫画作为装饰，缝制完成。

第5章

裙子的制版与缝制

1

A字裙

成品展示

制作过程

面料说明

本案例选用纯棉牛仔布料，缝制时需注意区分面料的正反面，颜色较深的一面为正面。该面料几乎无弹力，克重约为 650g。面料的弹力与克重均会影响制版，读者在选用面料时可参考作者所给的参数。

① 裁剪裁片。

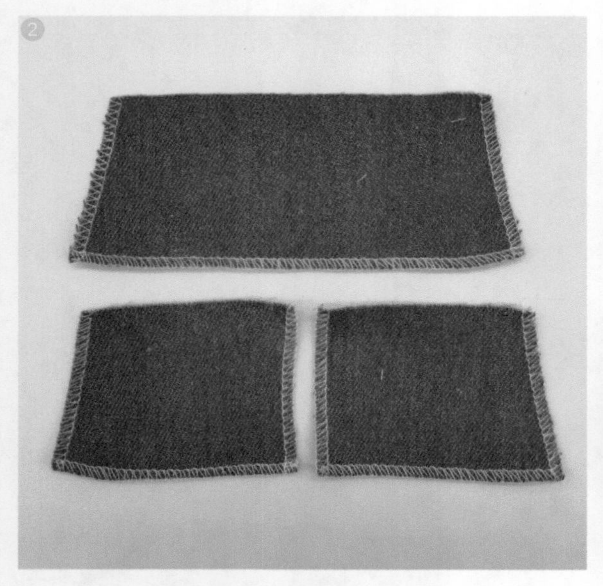

② 对前、后片的侧缝和下摆进行锁边处理。

③ 将前、后片的下摆向里折叠 0.7cm 并进行缝制。

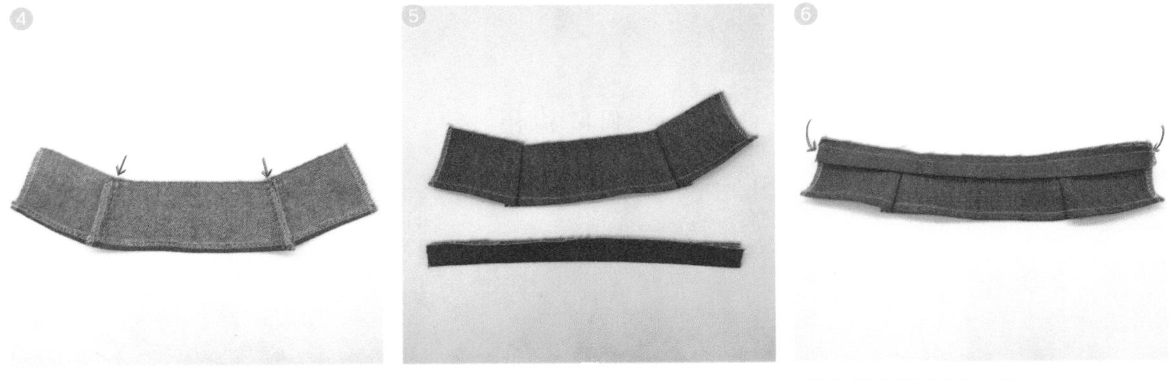

④ 将左前片、后片、右前片依次缝合在一起。

⑤～⑥ 将腰头进行对折、熨烫整理，并和裙身缝合到一起。

⑦ 对毛边进行锁边处理。

⑧ 在腰头和裙身交界处压一道明线，使腰头更加服帖。

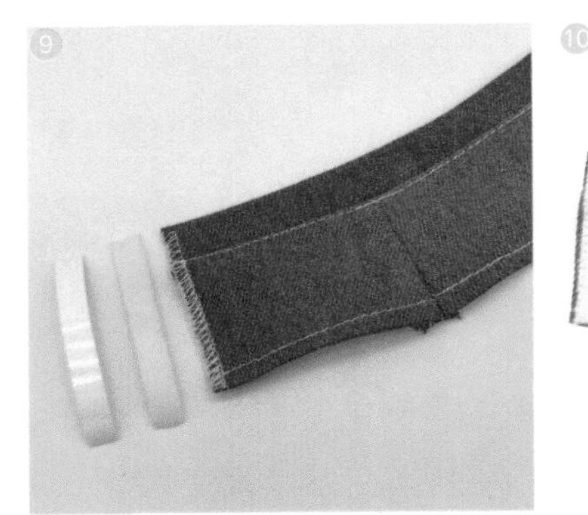

⑨～⑩ 剪取与后中缝接口长度相同的魔术贴，将魔术贴的两部分分别缝到两侧后中缝上。

⑪ 缝制完成，进行熨烫整理。

2

荷叶边裙

成品展示

制作过程

面料说明

本案例选用纯棉牛仔布料，缝制时需注意区分面料的正反面，颜色较深的一面为正面。该面料几乎无弹力，克重约为 650g。面料的弹力与克重均会影响制版，读者在选用面料时可参考作者所给的参数。

① 裁剪裁片。

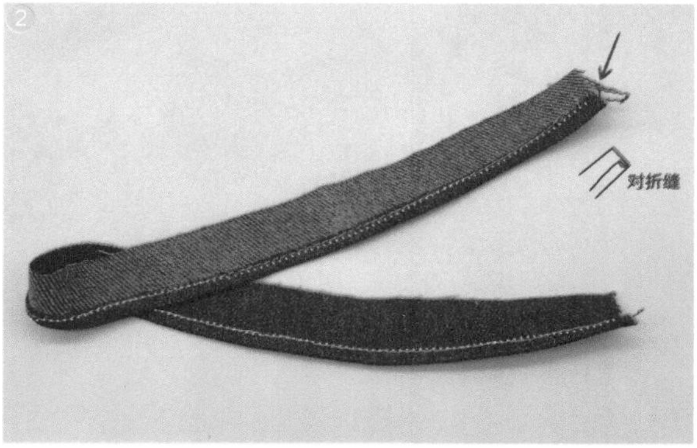

② 对荷叶边裁片进行对折缝。

③～④ 在荷叶边裁片的上端均匀缝线，随后进行抽碎褶处理，抽碎褶后，荷叶边下摆长度需与裙身下摆长度一致，为 22.4cm。

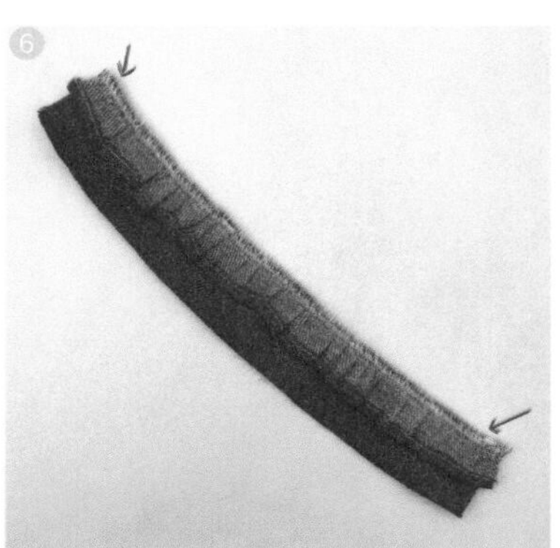

⑤～⑥ 将荷叶边和裙身缝合到一起并进行锁边处理。

⑦ 在裙身和荷叶边正面交界处压一道明线，使荷叶片更服帖。

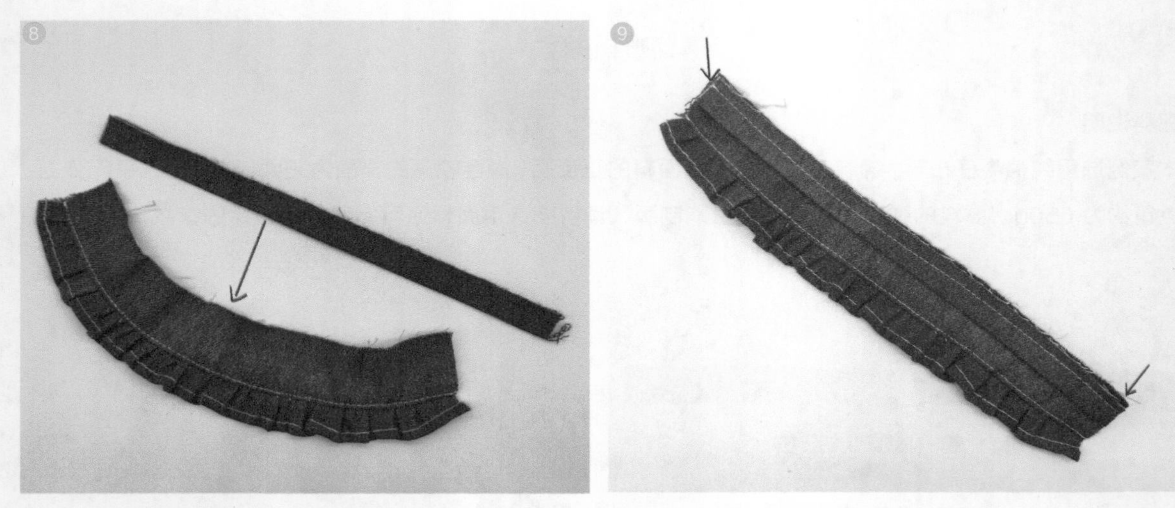

⑧～⑨　将腰头进行对折、熨烫整理，并和裙身缝制在一起。

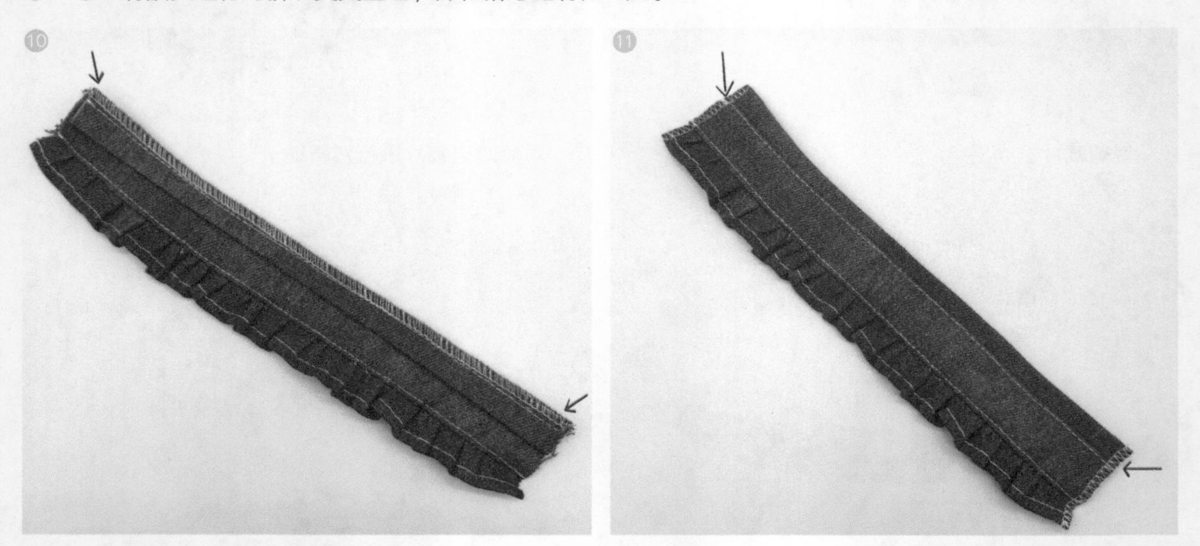

⑩～⑪　对裙身和腰头缝合处进行锁边处理，并对两边后中缝进行锁边处理，然后在腰头和裙身正面交界处压一道明线，使裙头更加服帖。

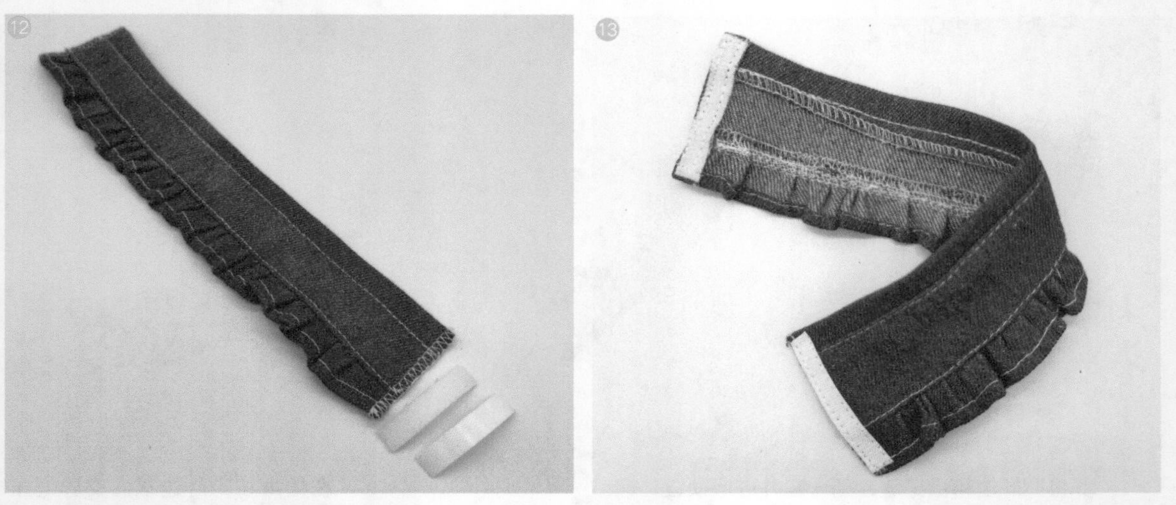

⑫～⑬　剪取与后中缝长度相同的魔术贴，将魔术贴的两部分分别缝到两侧后中缝上，缝制完成。

3

喇叭裙

成品展示

制作过程

面料说明

本案例选用纯棉碎花布料，该面料略微具有弹力，克重约为 180g。面料的弹力与克重均会影响制版，读者在选用面料时可参考作者所给的参数。

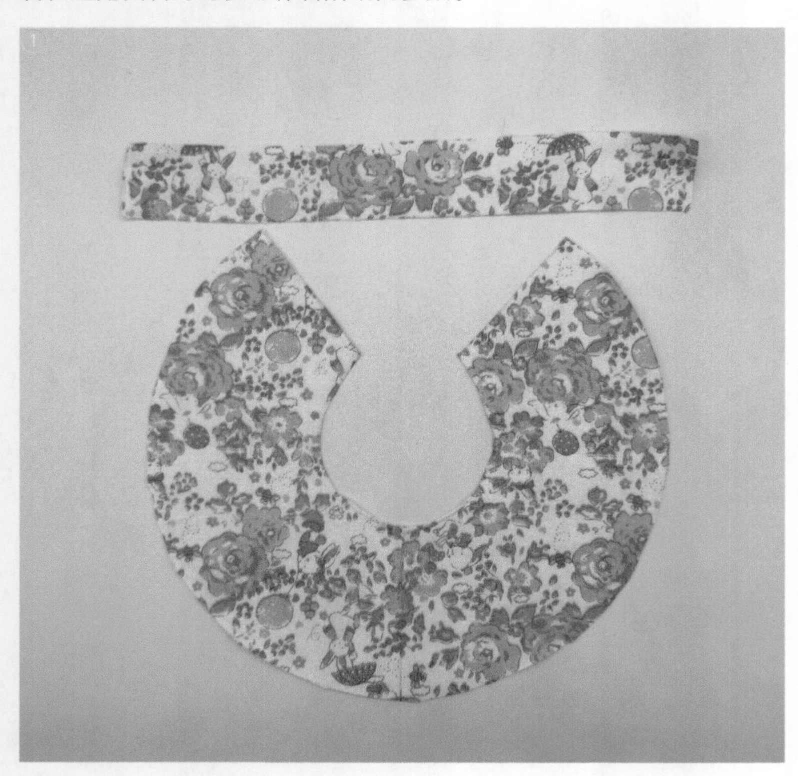

1 裁剪裁片。

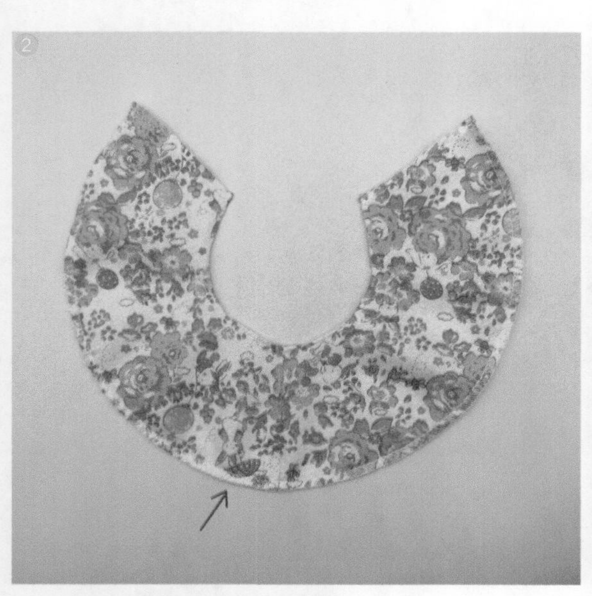

2 对裙身下摆进行锁边处理。

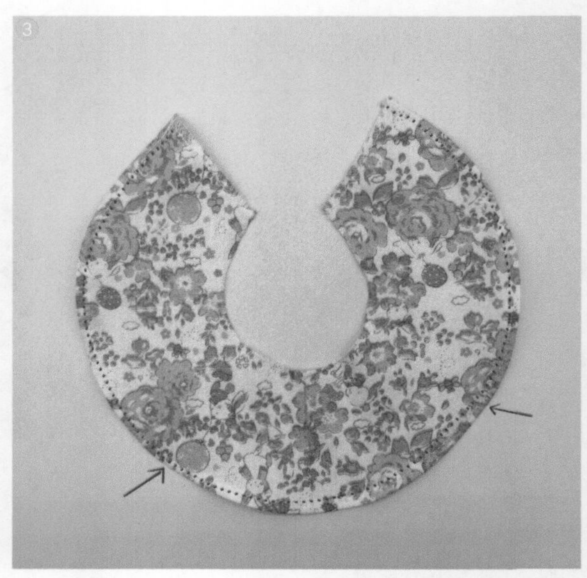

3 将裙身下摆向里折叠 0.7cm 并进行缝制。

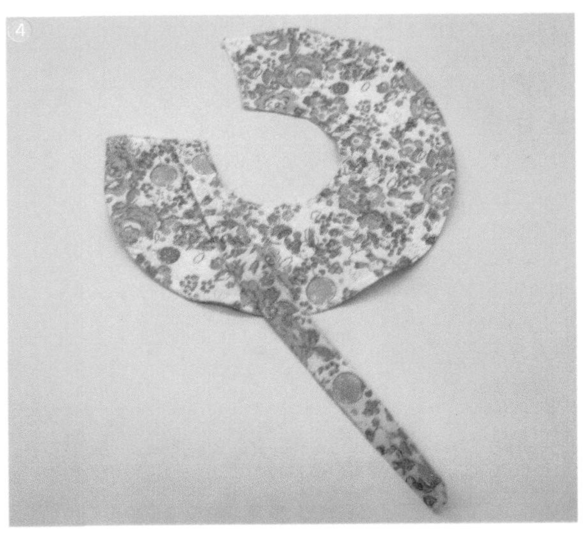

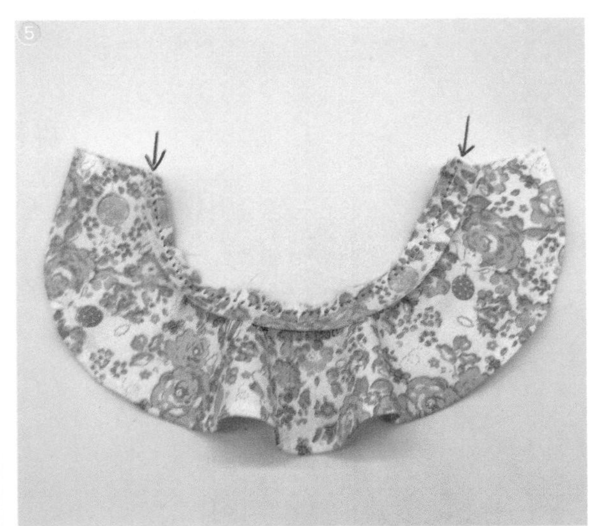

④～⑤ 将裙头进行对折、熨烫整理，并和裙身缝合在一起。

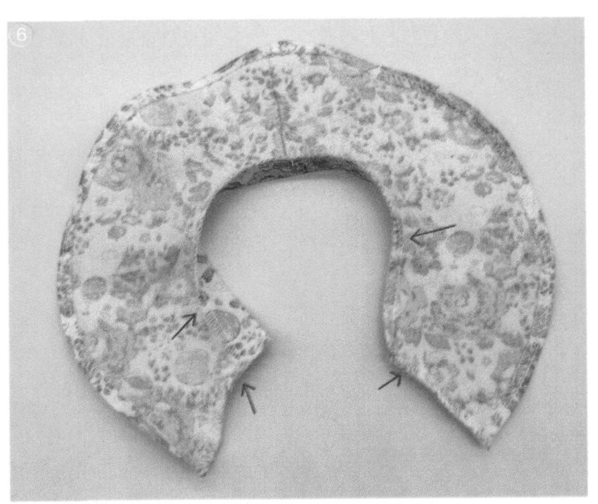

⑥ 对裙身和腰头缝合处进行锁边处理，并对裙身后中缝进行锁边处理。

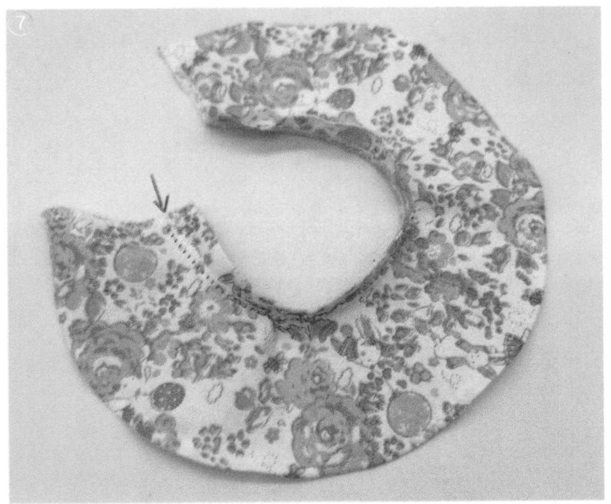

⑦ 在裙身与腰头正面交界处压一道明线，使腰头更加服帖。

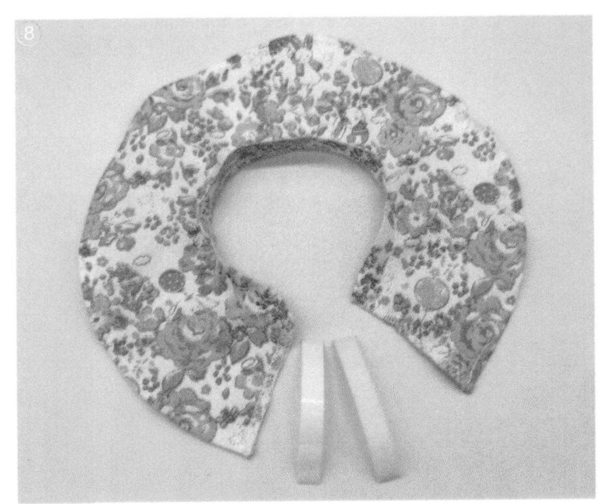

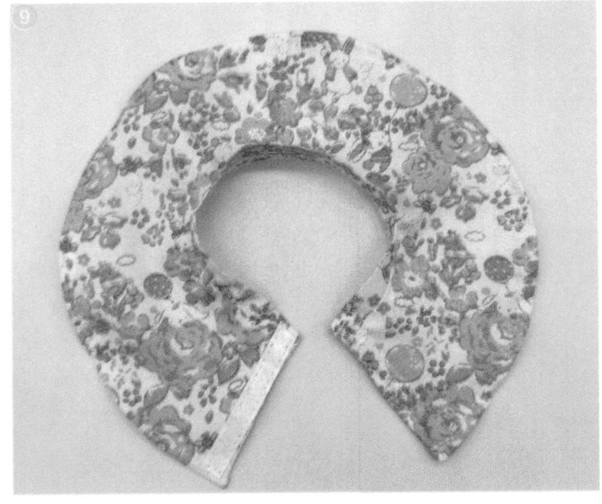

⑧～⑨ 剪取与后中缝长度相同的魔术贴，将魔术贴的两部分分别缝到两侧后中缝上，缝制完成。

4

碎褶半身裙

成品展示

制作过程

面料说明

本案例选用纯棉碎花布料，该面料略微具有弹力，克重约为 180g。面料的弹力与克重均会影响制版，读者在选用面料时可参考作者所给的参数。

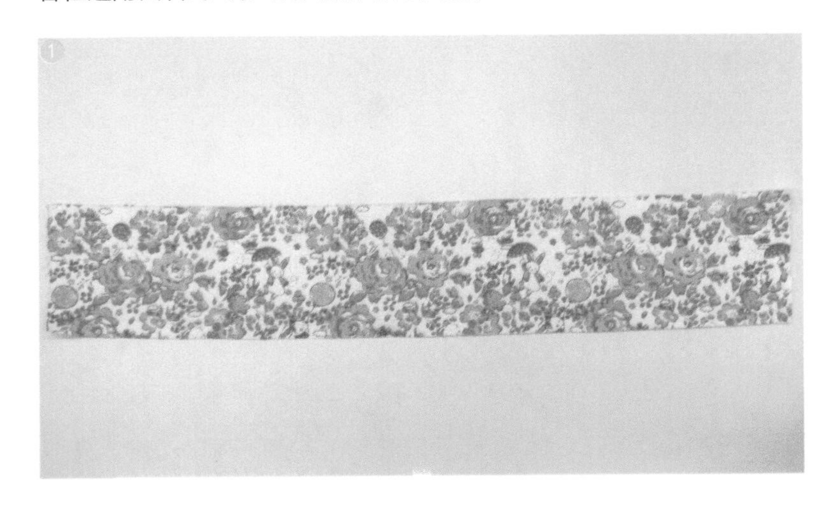

① 裁剪裁片。

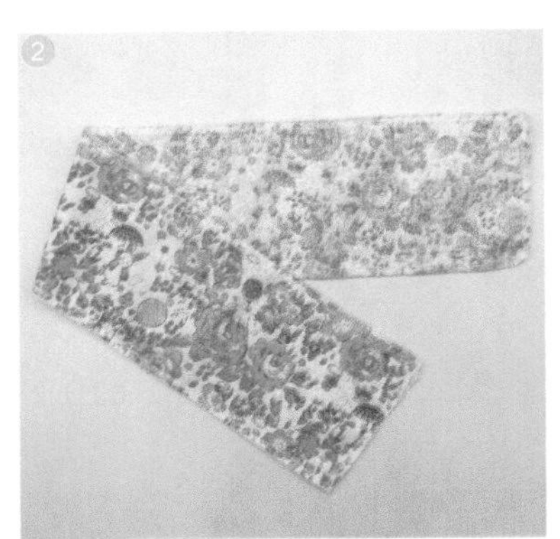

② 对裁片四边进行锁边处理。

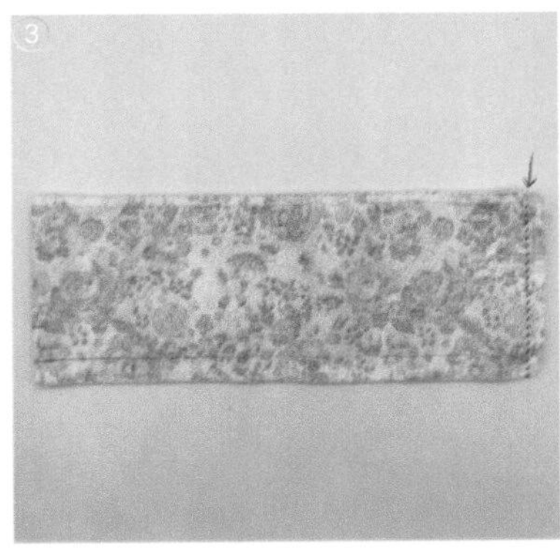

③ 将裁片正面相对，并将后中缝缝合到一起。

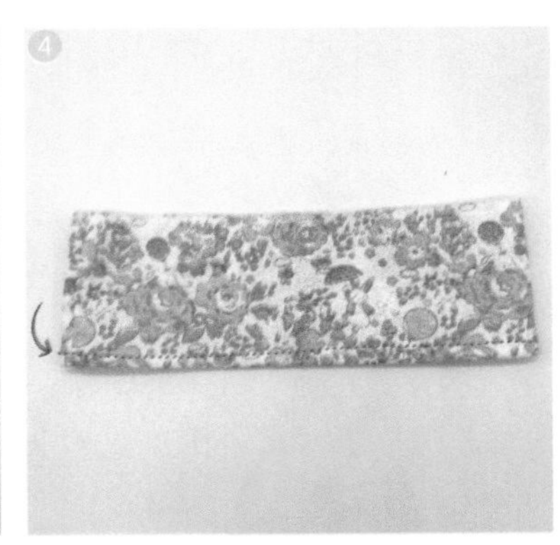

④ 将裁片下摆向里折叠 0.7cm 并进行缝制。

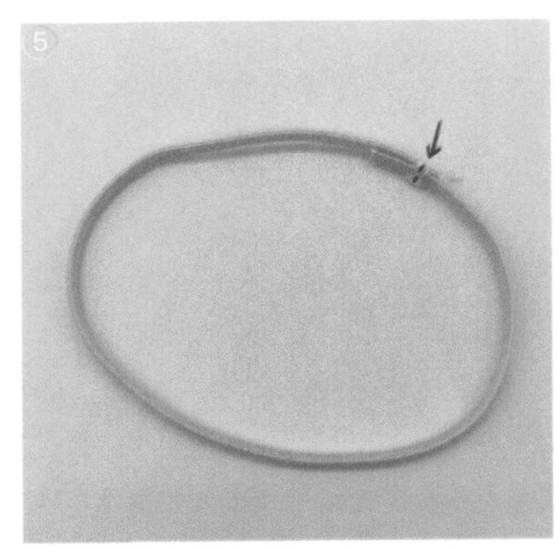

⑤ 取一段长约 17cm 的松紧带，将两端缝合到一起。

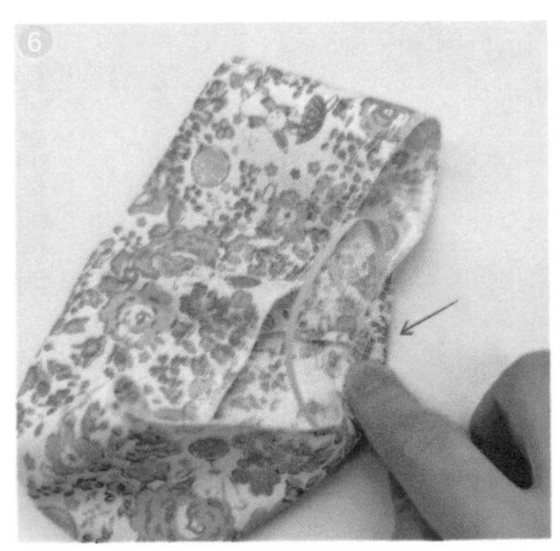

⑥～⑦ 将裁片上端向里折叠 0.7cm，将松紧带包在里面并进行缝制，缝制完成。

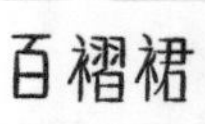

百褶裙

成品展示

制作过程

面料说明

本案例选用细斜纹纯棉布料，该面料略微具有弹力，克重约为 320g。面料的弹力与克重均会影响制版，读者在选用面料时可参考作者所给的参数。

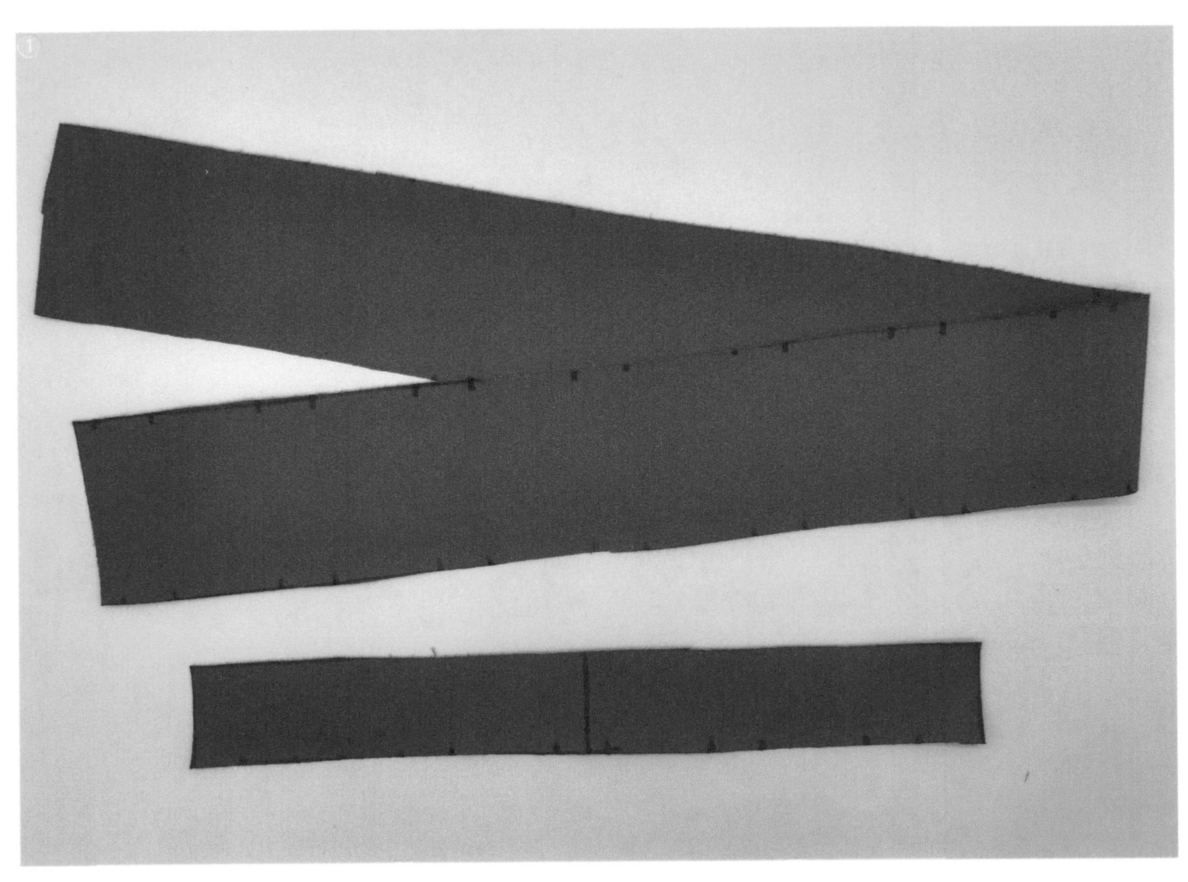

① 裁剪裁片。

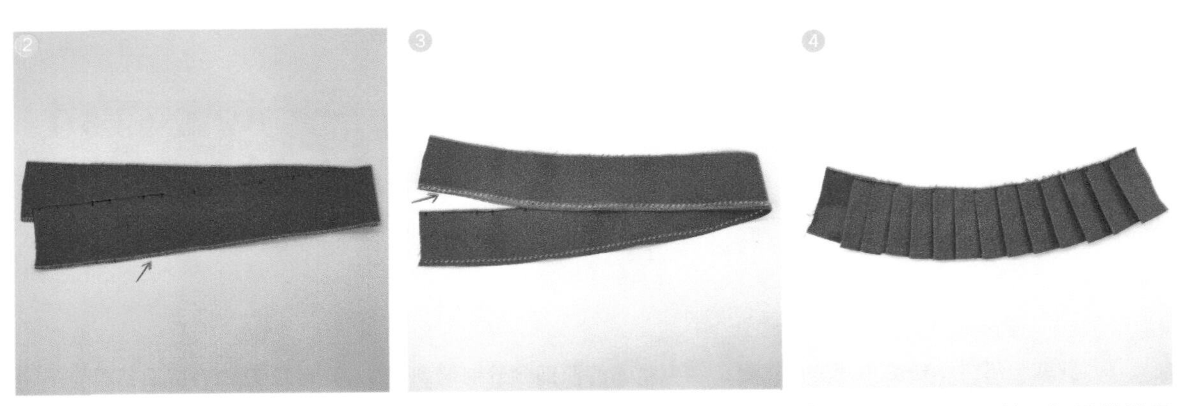

② 对裙身下摆进行锁边处理。

③ 将裙身下摆向里折叠 0.7cm 并进行缝制。

④ 将裙身沿折叠符号折叠并进行熨烫处理。

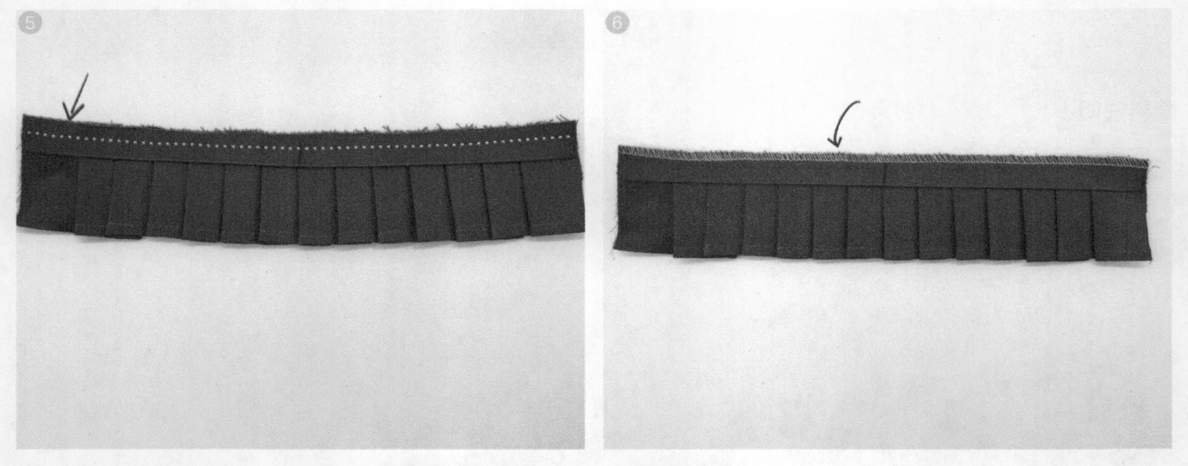

⑤~⑥ 将腰头对折、熨烫整理，并和裙身缝制在一起，随后进行锁边处理。

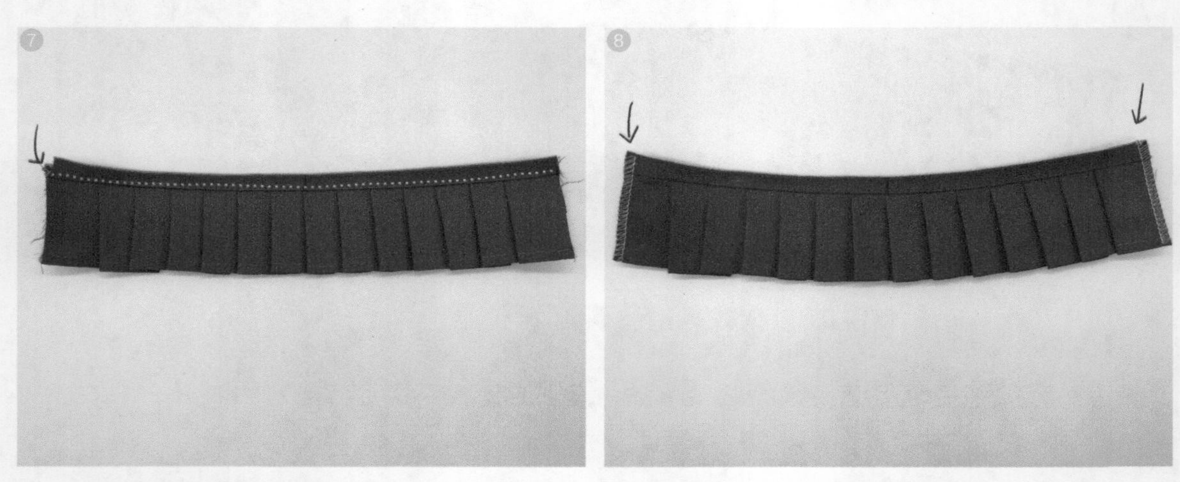

⑦ 在裙身和腰头正面交界处压一条明线，使腰头更加服帖。

⑧ 对裙身两处后中缝进行锁边处理。

⑨~⑩ 剪取与后中缝长度相同的魔术贴，将魔术贴的两部分分别缝到两侧后中缝上。

⑪ 缝制完成，进行熨烫整理。

6

碎褶连衣裙

成品展示

制作过程

面料说明

本案例选用纯棉碎花布料，该面料略微具有弹力，克重约为 180g。面料的弹力与克重均会影响制版，读者在选用面料时可参考作者所给的参数。

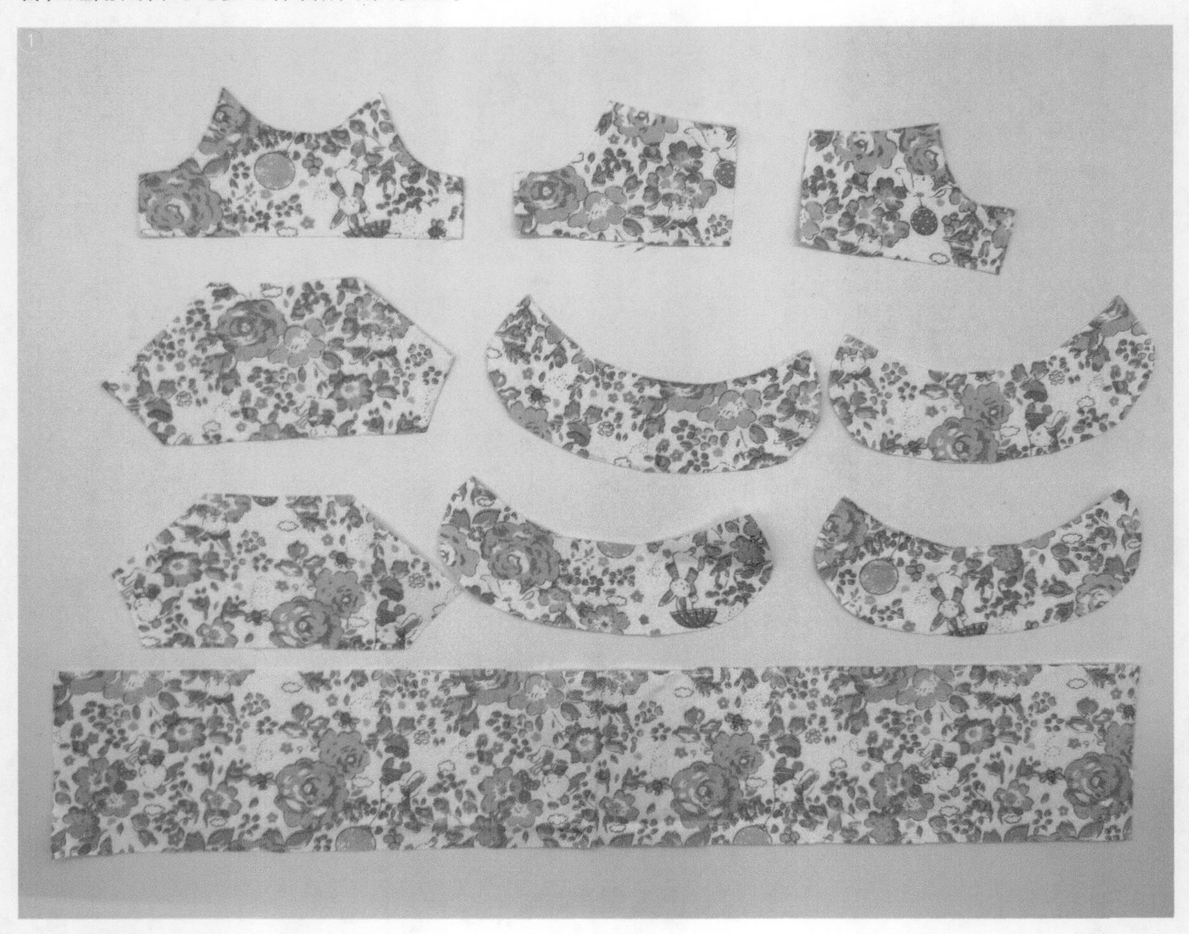

① 裁剪裁片。

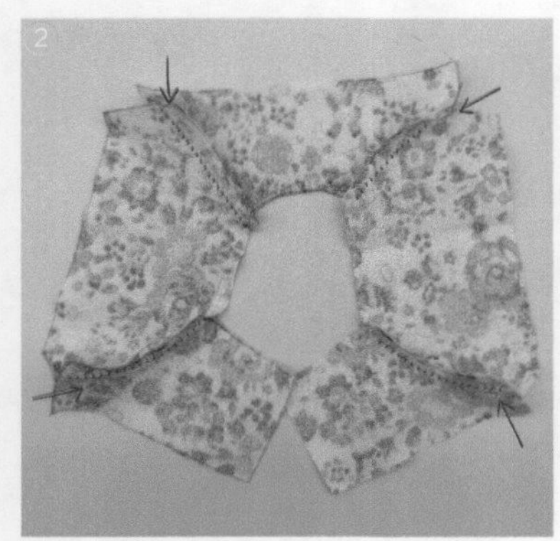

②～③ 将前、后片和袖子缝合在一起，并对接口处、袖子下摆以及侧缝处进行锁边处理。

④ 将袖子下摆向里折叠 0.7cm 并进行缝制。

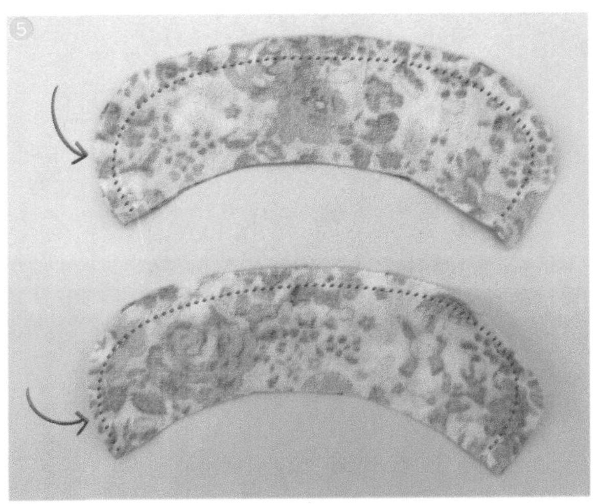

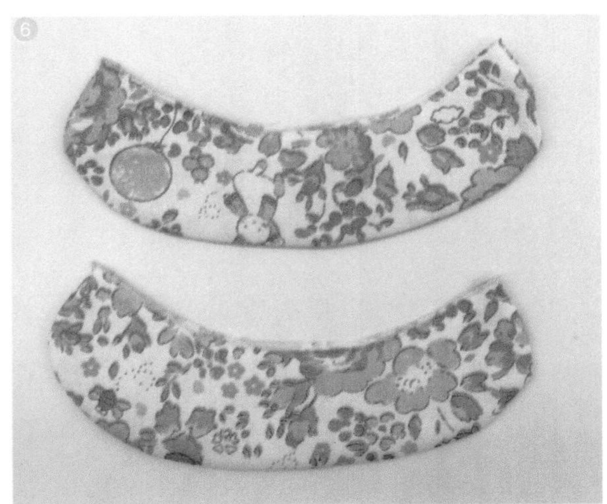

⑤ - ⑥ 将领子裁片两两正面相对并进行缝制，缝制好之后翻到正面进行熨烫整理。

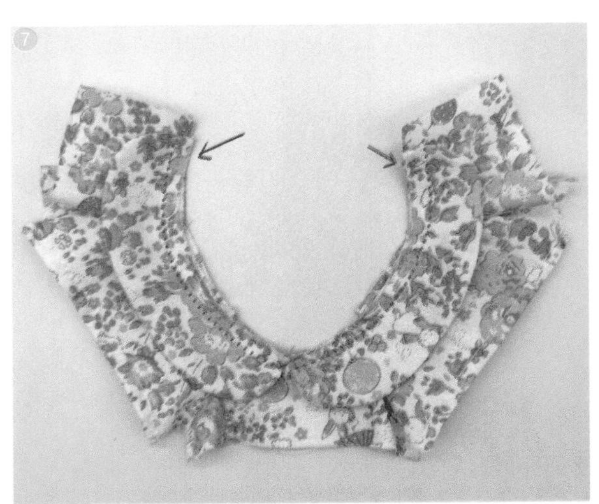

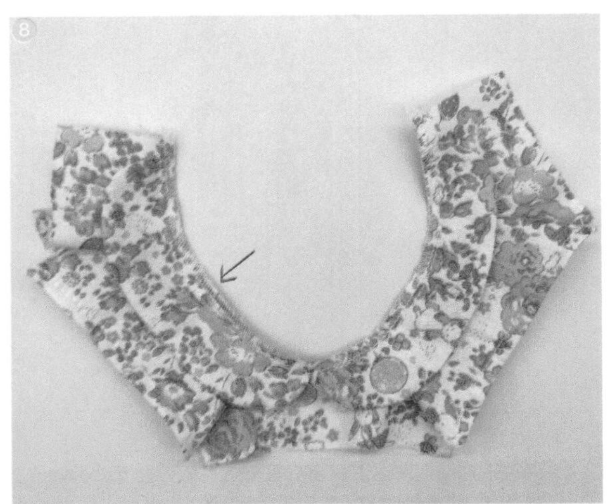

⑦ ~ ⑧ 将领子缝到衣身上，记住端口各留 0.7cm 宽的缝份。对领子和衣身缝合处进行锁边处理。

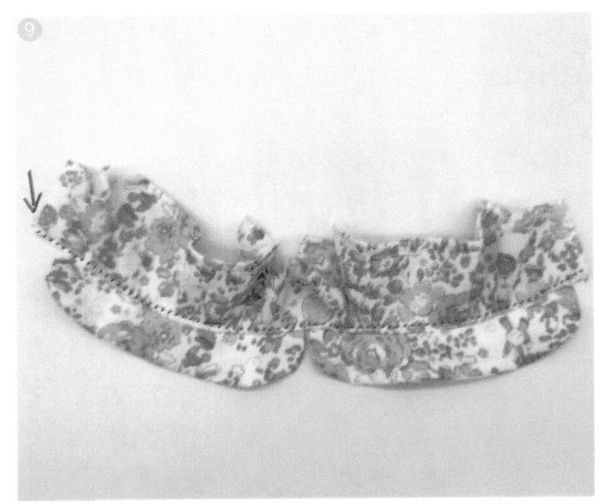

⑨ 在领子和衣身正面交界处压一道明线，使领子更加服帖。

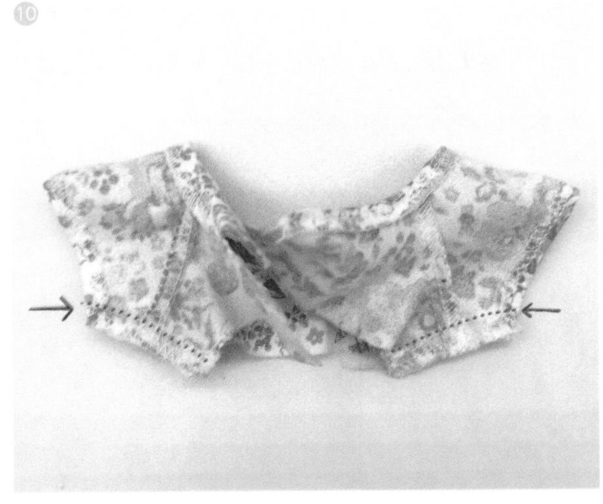

⑩ 将前、后片正面相对并将其两侧的侧缝缝合到一起。

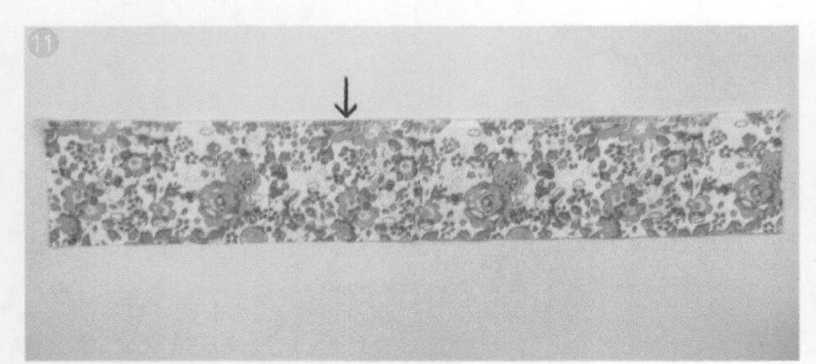

⑪ ~ ⑫ 对裙摆裁片的下摆进行锁边处理，将裁片上端向里折叠 0.7cm 并进行缝制。

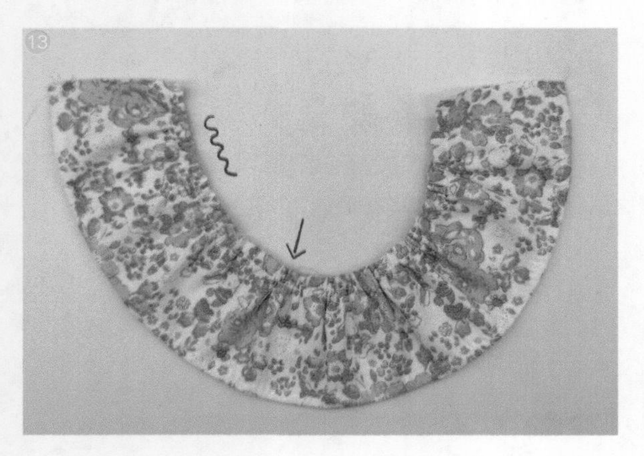

⑬ 对裙摆裁片进行抽碎褶，裙摆裁片抽碎褶后的长度需与衣身下摆长度一致，大约为 23cm。

⑭ ~ ⑮ 将裙摆和衣身缝合在一起，对裙摆和衣身缝合处进行锁边处理，并对衣身后中缝进行锁边处理。

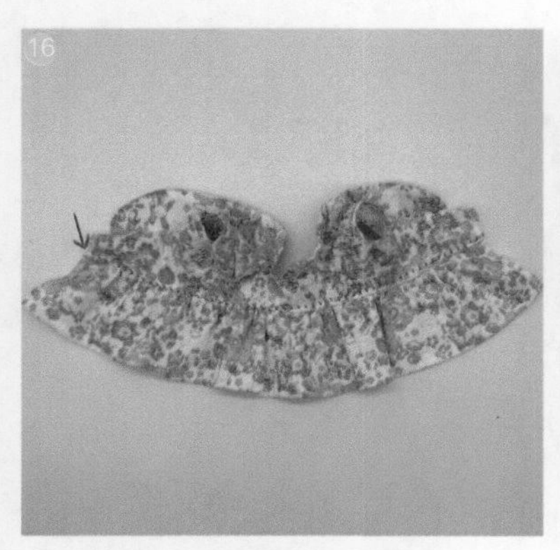

⑯ 在衣身和裙摆正面交界处压一道明线，使裙摆更加服帖。

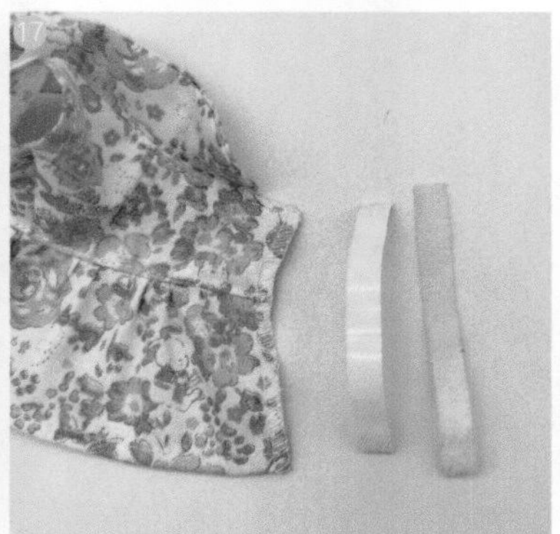

⑰ ~ ⑱ 测量后中缝长度并剪取相同长度的魔术贴，将魔术贴的两部分分别缝到两侧后中缝上，缝制完成。

第6章

帽子的制版与缝制

1

渔夫帽

制作过程

面料说明

本案例选用纯棉牛仔布料，缝制时需注意区分面料的正反面，颜色较深的一面为正面。该面料几乎无弹力，克重约为 650g。面料的弹力与克重均会影响制版，读者在选用面料时可参考作者所给的参数。

① 裁剪裁片。

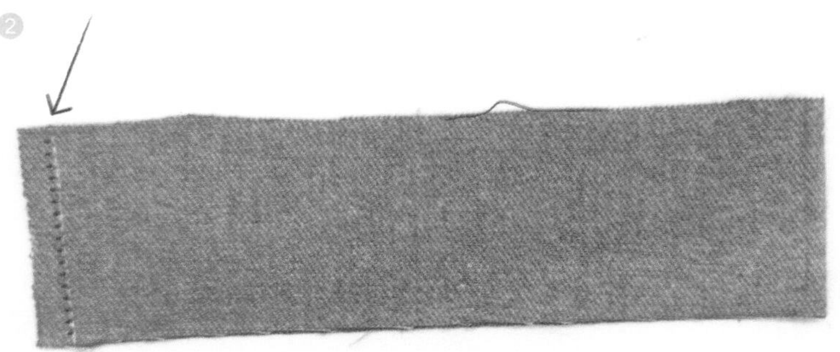

② 将帽身裁片正面对折并进行缝合。

③ 将帽身围绕帽顶缝制一圈。

④ 在帽身和帽顶正面交界处压一道明线。

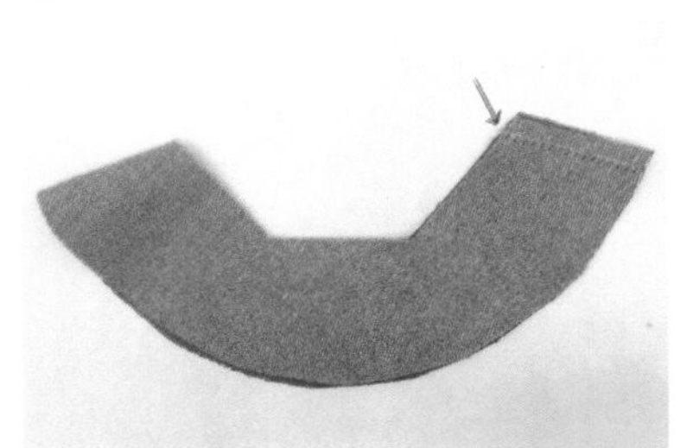

⑤ 将帽檐裁片正面对折并缝合。

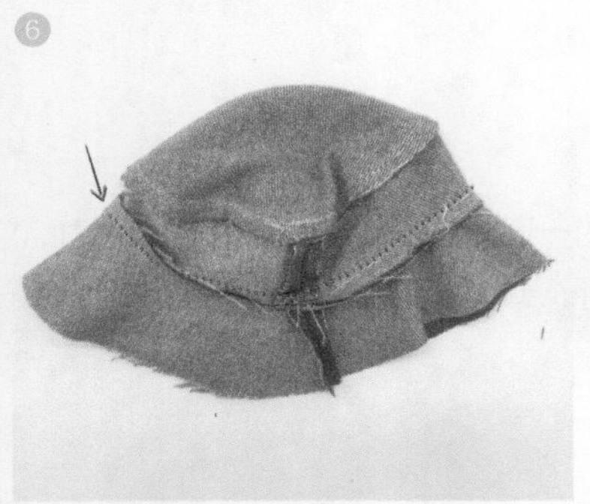

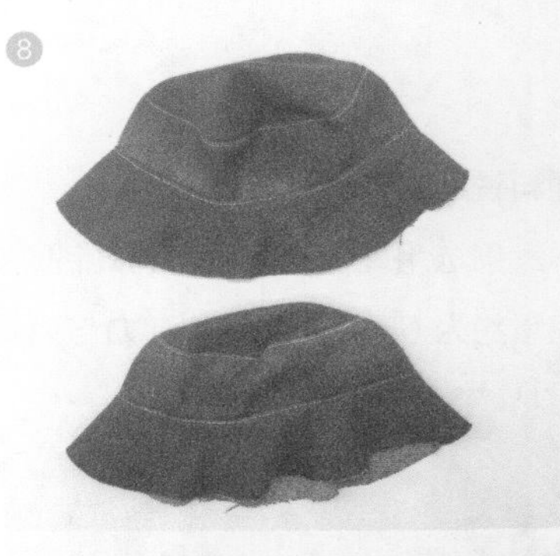

⑥ 翻转至反面，将帽檐围绕帽身缝制一圈。

⑦ 在帽檐和帽身正面交界处压一道明线。

⑧ 用同样的方式缝制一顶一模一样的帽子作为内衬。

⑨～⑩ 将两顶帽子正面相对，绕帽子边缘缝制一圈，并留出返口。

⑪～⑫ 将帽子正面从返口处翻出，并围绕帽子边缘压一圈明线，缝制完成。

2

贝雷帽

成品展示

START THE MAGIC JOURNEY
LAKESIDE MAGAZINE
MATCHBOX NOTE
MATCHBOX NOTE

制作过程

面料说明

本案例选用高弹力针织仿羊皮布料，缝制时需注意区分面料的正反面，颜色较深的一面为正面。该面料具有高弹性，克重约为 340g。面料的弹力与克重均会影响制版，读者在选用面料时可参考作者所给的参数。

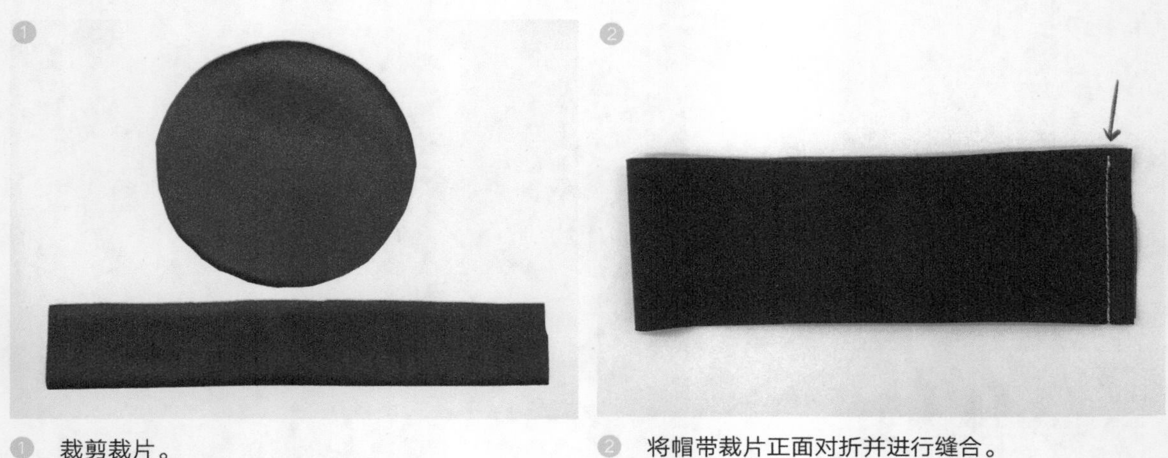

① 裁剪裁片。

② 将帽带裁片正面对折并进行缝合。

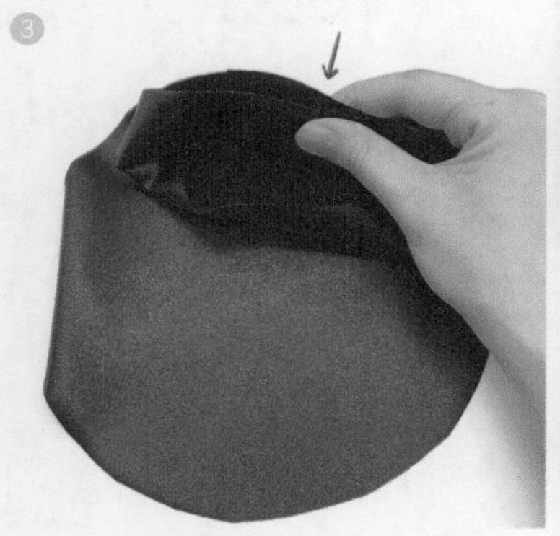

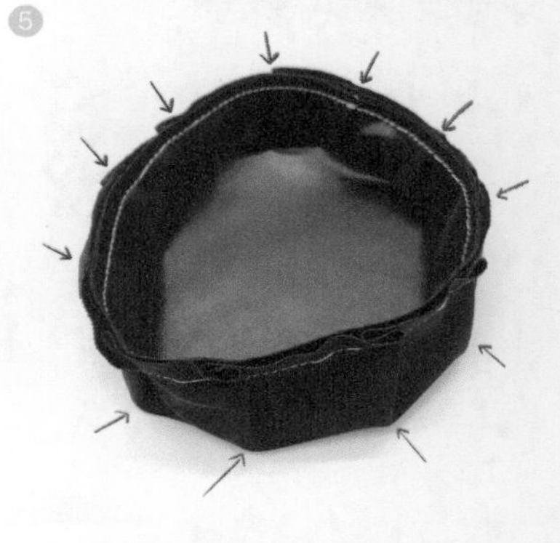

③ 将缝制好的帽带对折并缝制在帽身裁片上。

④～⑤ 在缝制时将帽身均匀地捏褶。

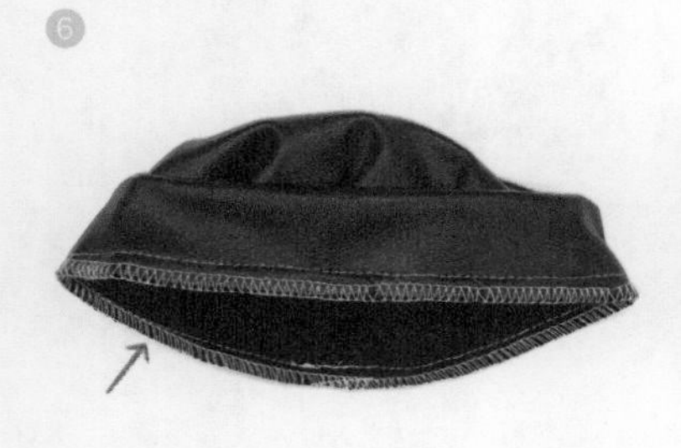

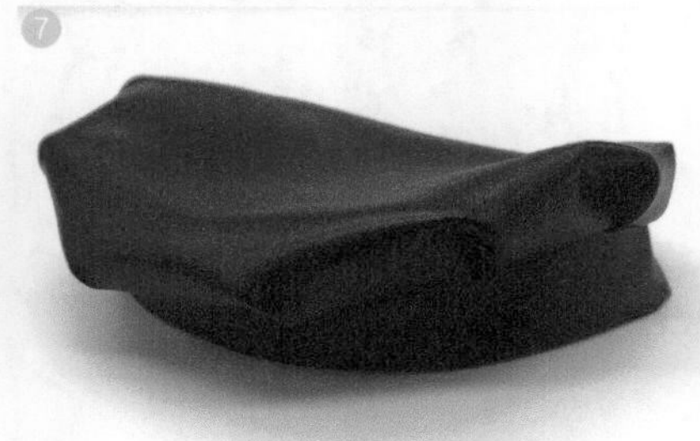

⑥～⑦ 对帽子四周进行锁边处理，缝制完成。

3

六片式贝雷帽

成品展示

制作过程

面料说明

表布：泰迪绒布料，克重约为 500g，弹力适中，毛面较长的一面为正面。

里布：水洗棉布，克重约为 110g，无弹力，无须区分正反面。

面料的弹力与克重均会影响制版，读者在选用面料时可参考作者所给的参数。

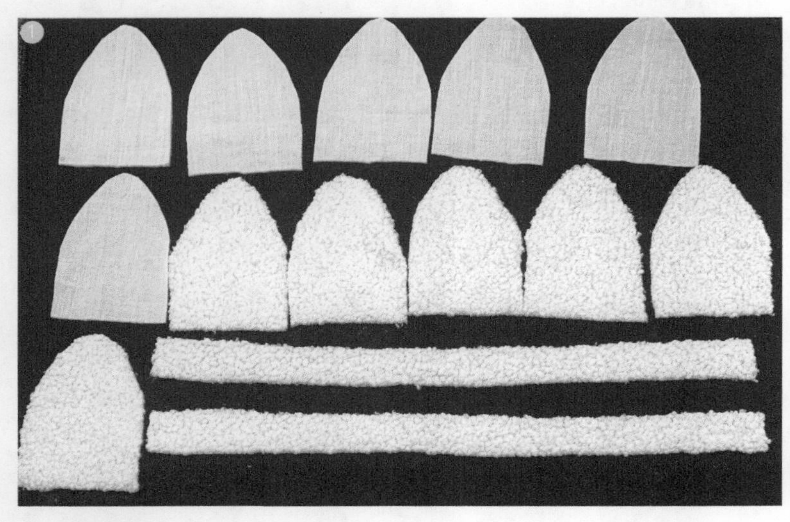

① 裁剪裁片。

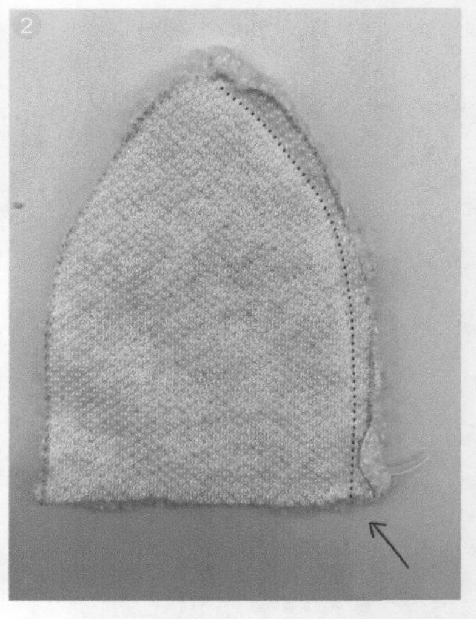

② 将两片帽身裁片表布正面相对，从帽身裁片顶点缝制到底部。

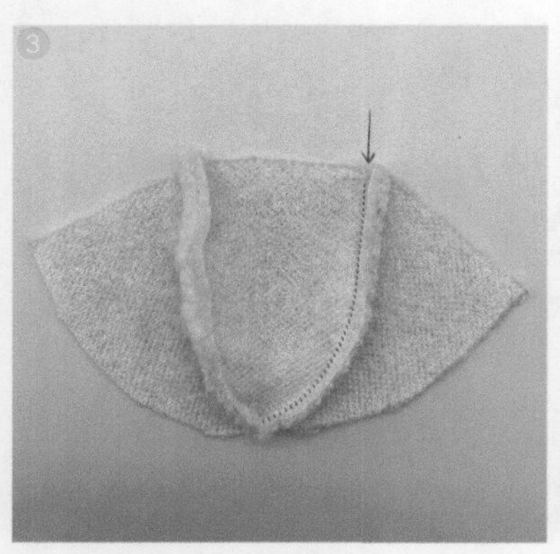

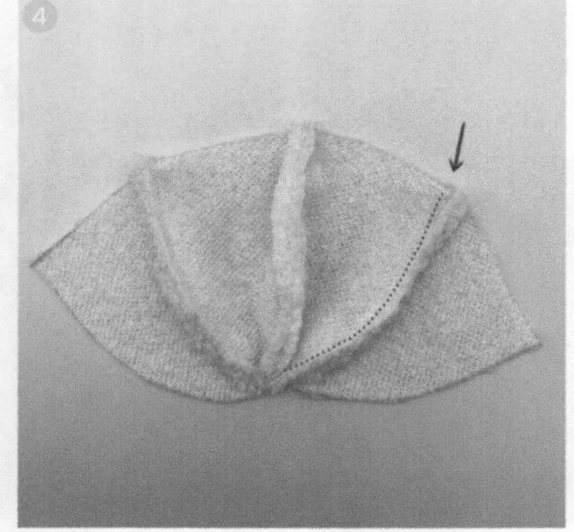

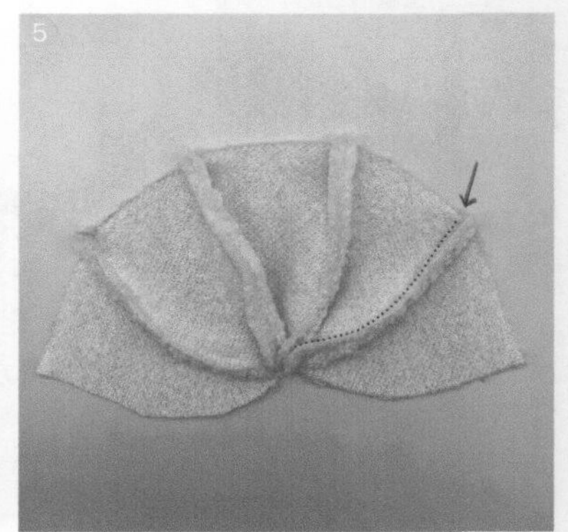

③ ~ ⑥ 继续缝制第三片帽身裁片表布，依次将六片帽身裁片表布都缝合到一起。

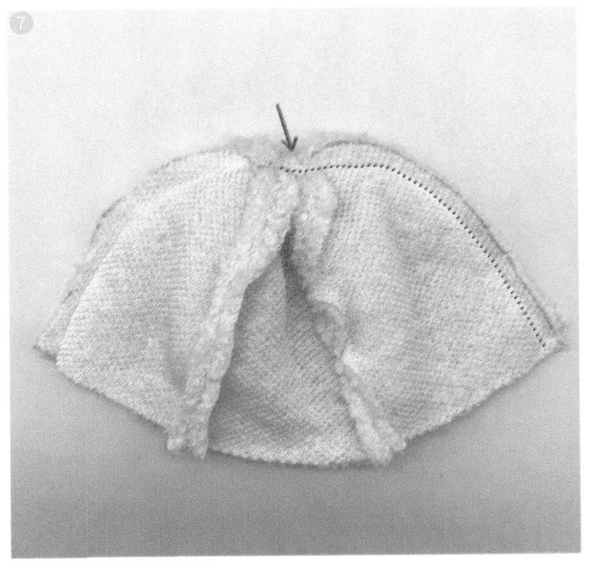

⑦ 将第一片帽身裁片表布和第六片帽身裁片表布缝合到一起。

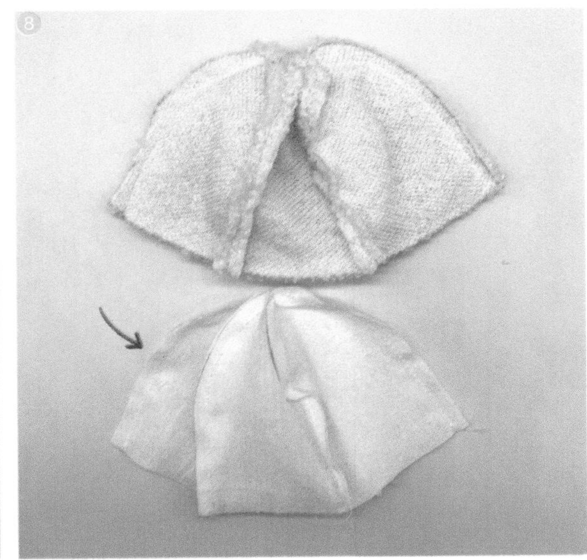

⑧ 用相同的方法缝制内帽身。

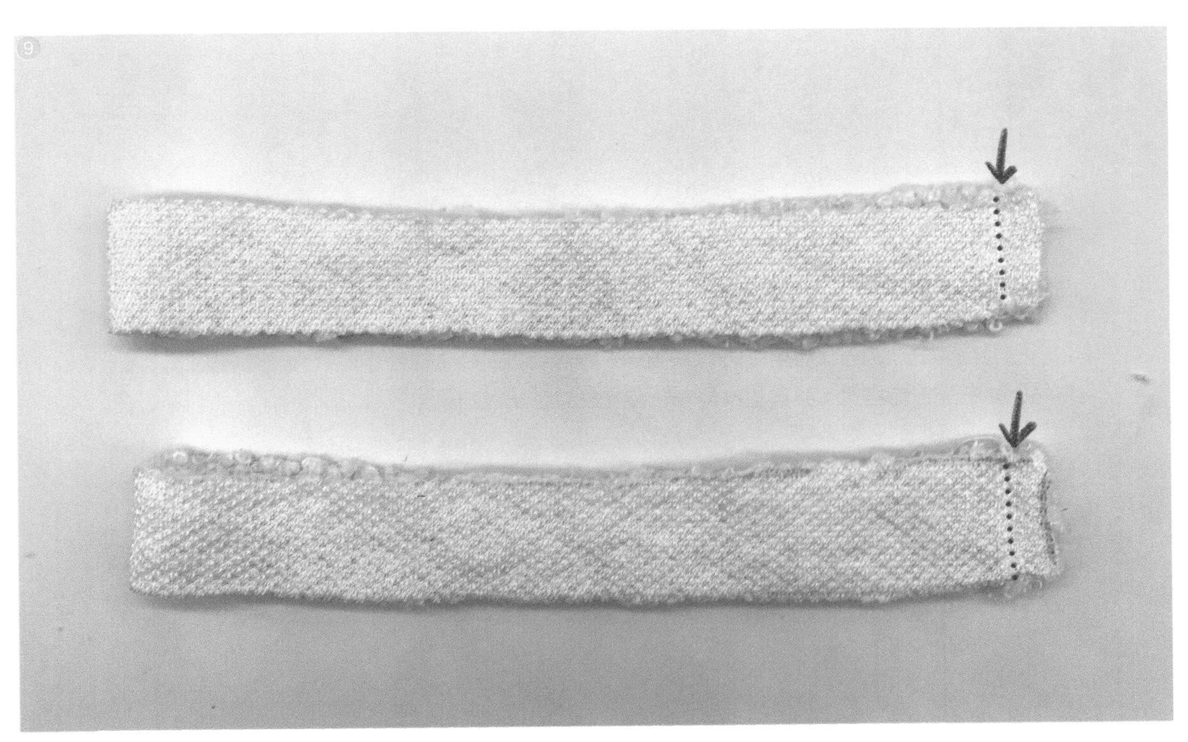

⑨ 分别将两片帽边裁片正面相对并进行缝合。

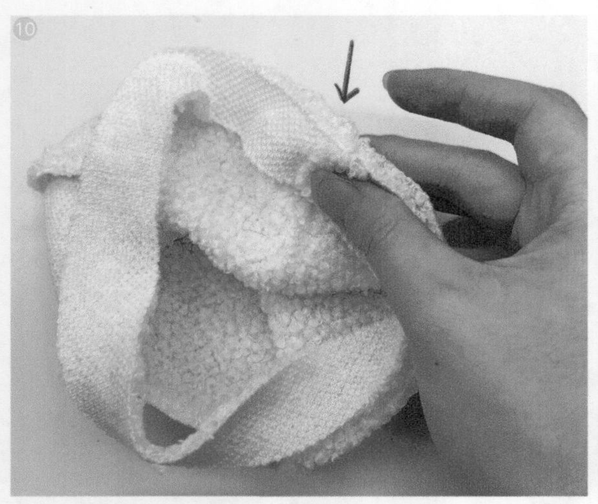

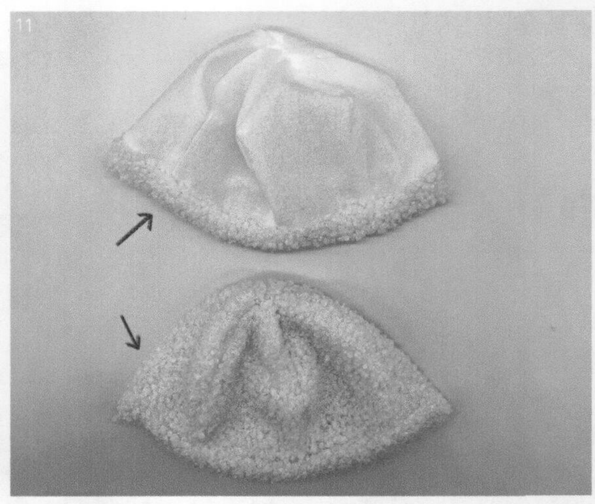

⑩ ~ ⑪　将帽边和帽身正面相对，并将帽边缝制到帽身上。对内衬进行相同的操作。

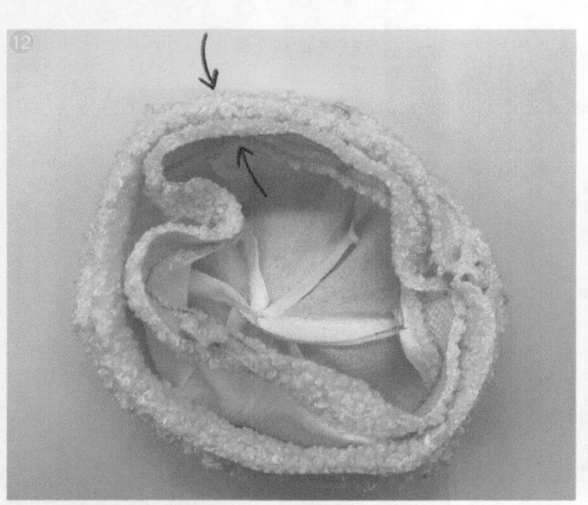

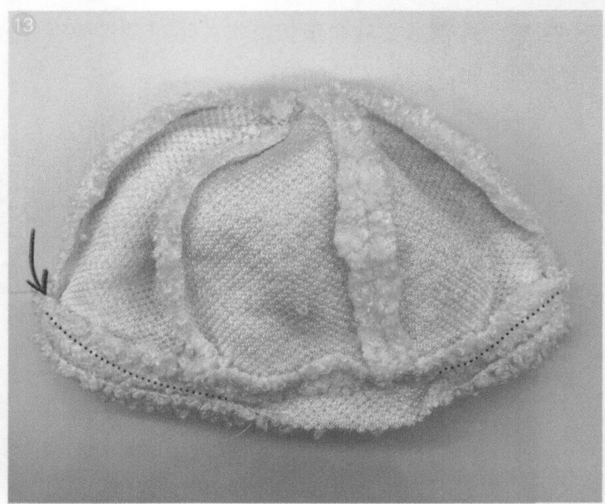

⑫ ~ ⑬　将内、外帽身正面相对，并绕边缘缝制一圈，注意留出返口。

⑭ ~ ⑮　将帽子正面从返口处翻出，并在帽子边缘压一圈明线，压明线时注意整理返口，将返口处的毛边折进去，注意明线要压住返口缝份，缝制完成。

4

棒球帽

制作过程

面料说明

表布：纯棉牛仔布料，缝制时需注意区分面料的正反面，颜色较深的一面为正面。该面料几乎无弹力，克重约为 650g。

里布：水洗棉布，克重约为 110g，无弹力，无正反面之分。

面料的弹力与克重均会影响制版，读者在选用面料时可参考作者所给的参数。

① 裁剪裁片。

② 将两片帽身裁片表布正面相对，从帽身裁片表布顶点缝制到底部。

③ 照图示方法将六片帽身裁片表布依次缝合在一起。

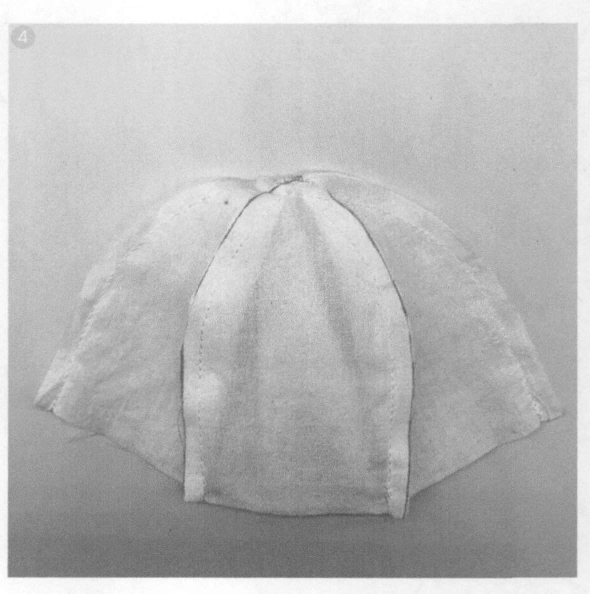

④ 用同样的方法将6片帽身裁片里布缝合在一起。

⑤ 分别将两片帽边裁片正面相对并进行缝合。

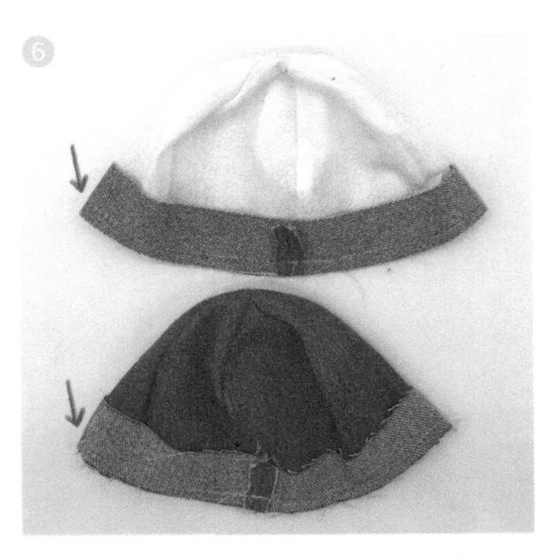

⑥ 将帽边和内、外帽身正面相对，将内、外帽身和帽边分别缝制在一起。

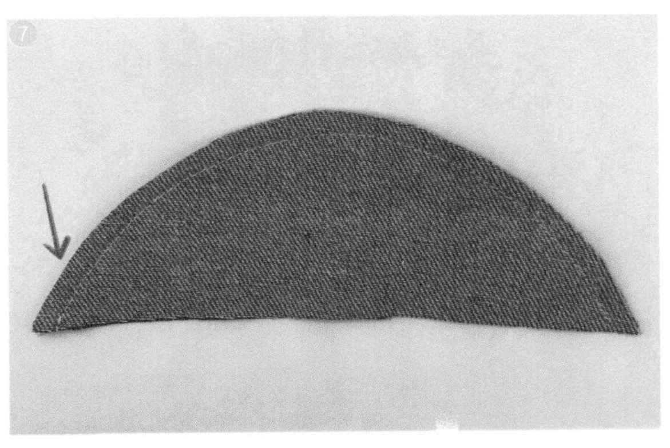

⑦ 将两片帽舌裁片正面相对，并绕边缘进行缝制。

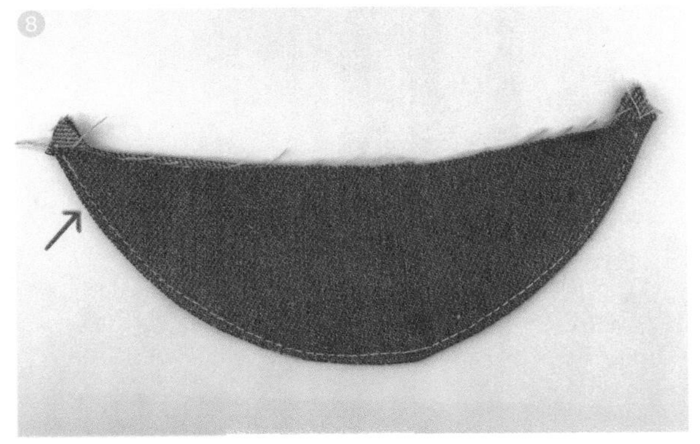

⑧ 将帽舌翻到正面，并沿边缘压一道明线。

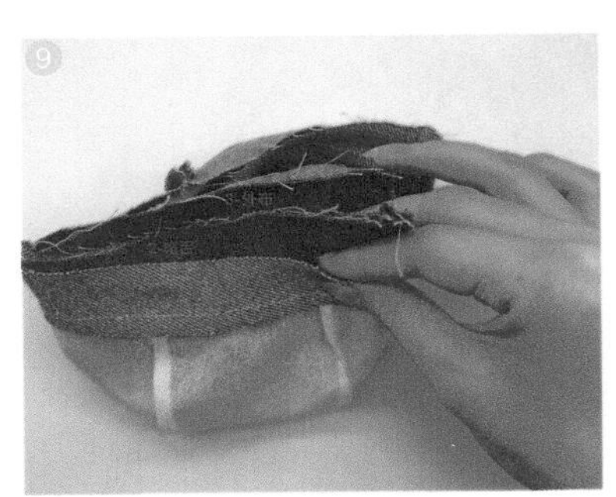

⑨～⑩ 将内、外帽身正面相对，并将帽舌夹在中间缝制一圈，记得留出返口。

⑪～⑫ 将帽子正面从返口处翻出来，并在帽边压一圈明线，缝制完成。

5

尖头帽

成品展示

制作过程

面料说明

本案例选用细斜纹纯棉布料，斜纹痕迹明显的一面为正面。该面料略微具有弹力，克重约为 320g。面料的弹力与克重均会影响制版，读者在选用面料时可参考作者所给的参数。

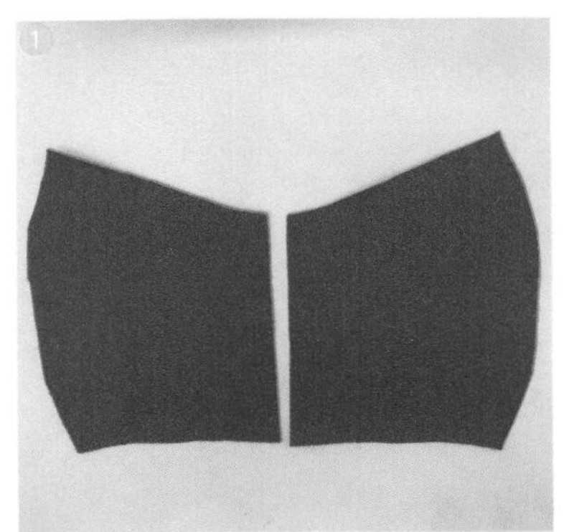

① 裁剪裁片。

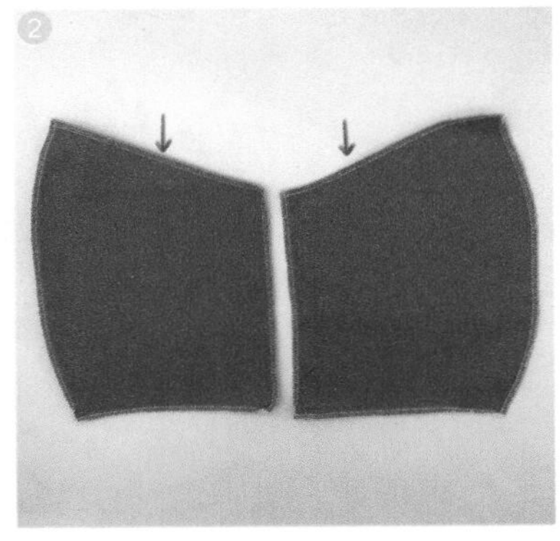

② 对裁片四周进行锁边处理。

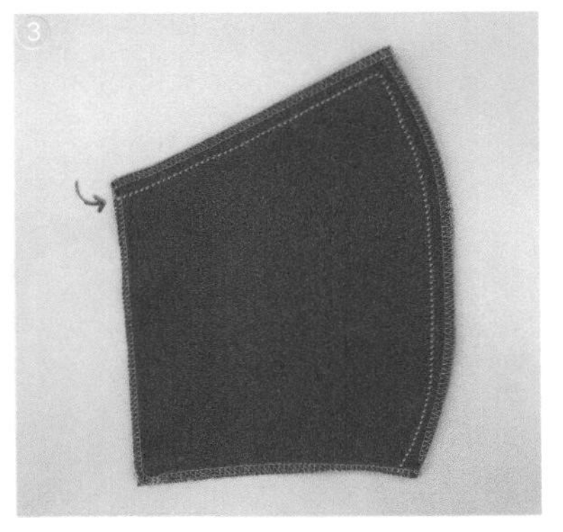

③ 将两片帽身裁片正面相对，在图示位置对靠近帽顶的两边进行缝合。

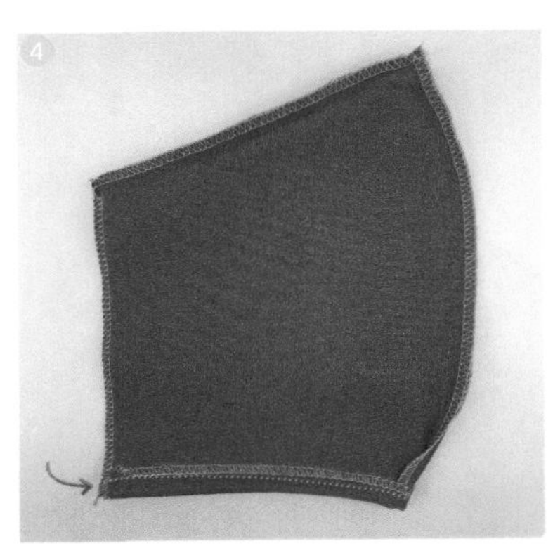

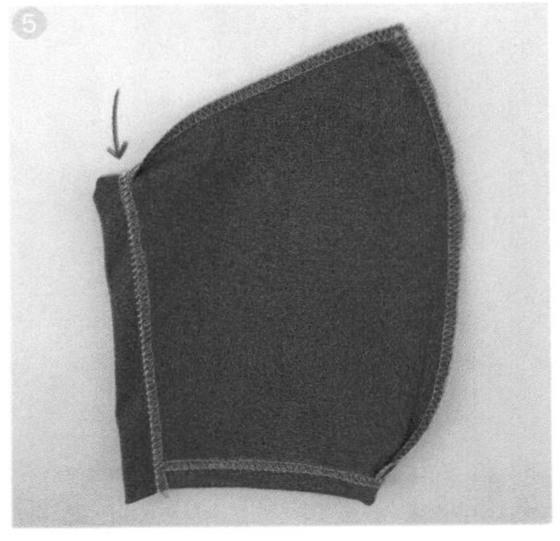

④ 将帽子下端向里折叠 0.7cm 并进行缝合。

⑤ 将帽子外沿向里折叠 1.5cm 并进行缝合。

⑥ 取一段长约 60cm 的粗线。

⑦ ~ ⑧ 用穿带器夹住绳子将绳子穿过帽子，将帽子翻到正面，缝制完成。可根据喜好增加装饰。

6

睡衣帽

成品展示

制作过程

面料说明

卡通针织纯棉布料：克重约为 190g，弹力大，有图案的一面为正面。

白色螺纹布料：克重约为 260g，弹力大，螺纹较凹凸不平的一面为正面。

面料的弹力与克重均会影响制版，读者在选用面料时可参考作者所给的参数。

① 裁剪裁片。

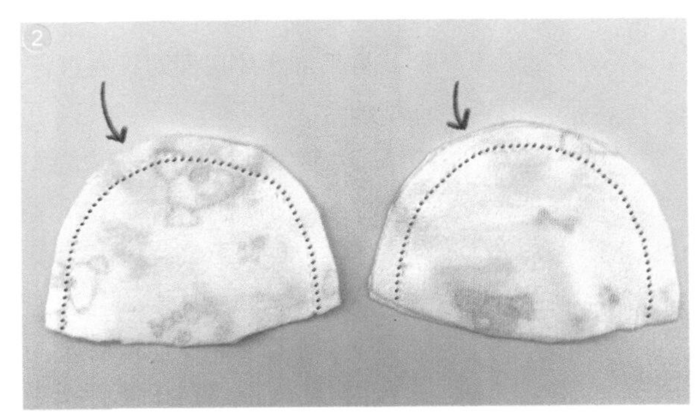

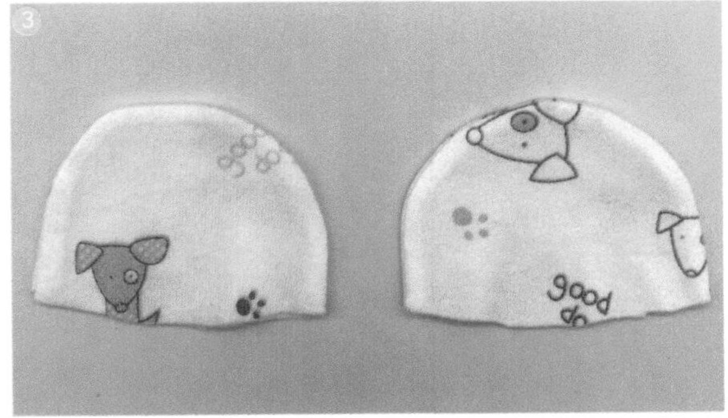

②~③ 将耳朵裁片两两正面相对并进行缝制，缝制好后将耳朵翻到正面。

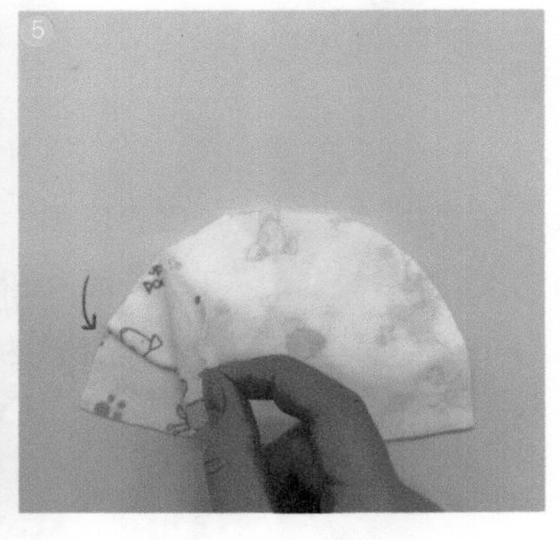

④~⑤ 将两片耳朵裁片放在帽身裁片上，并将另一片帽身裁片正面朝里放在耳朵裁片上。

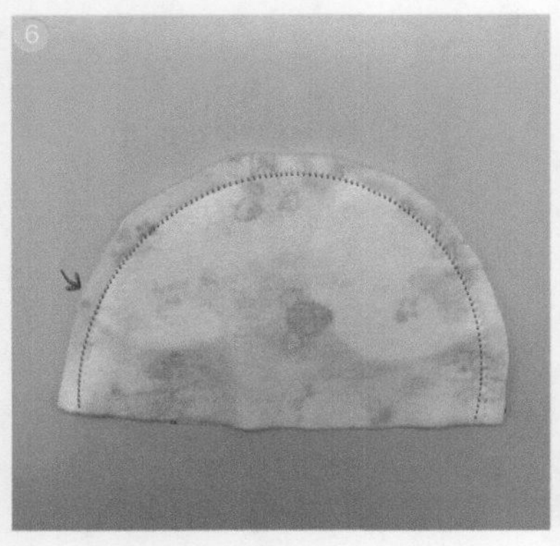

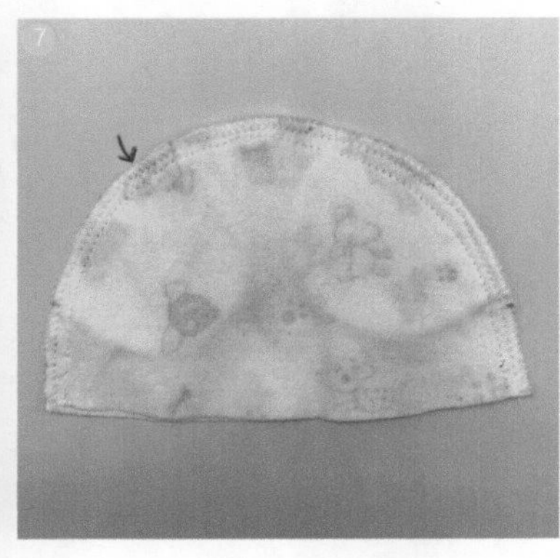

⑥~⑦ 将帽身和耳朵缝合到一起，并对毛边进行锁边处理。

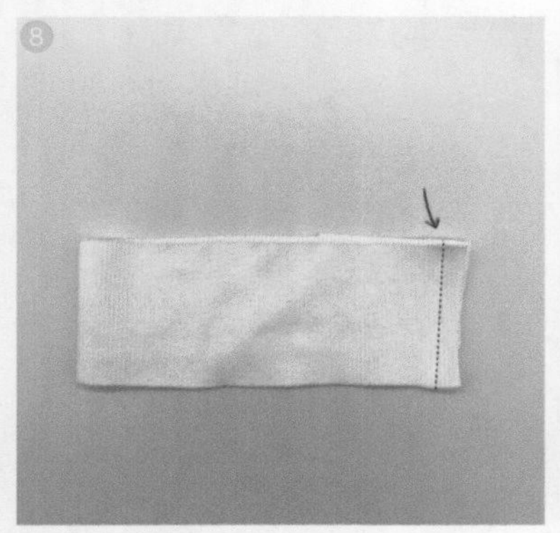

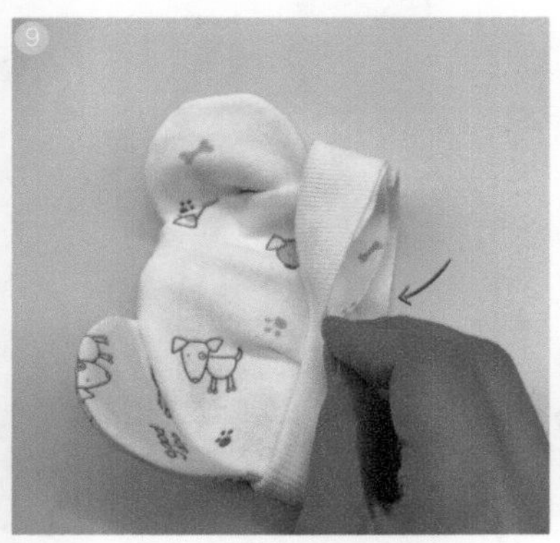

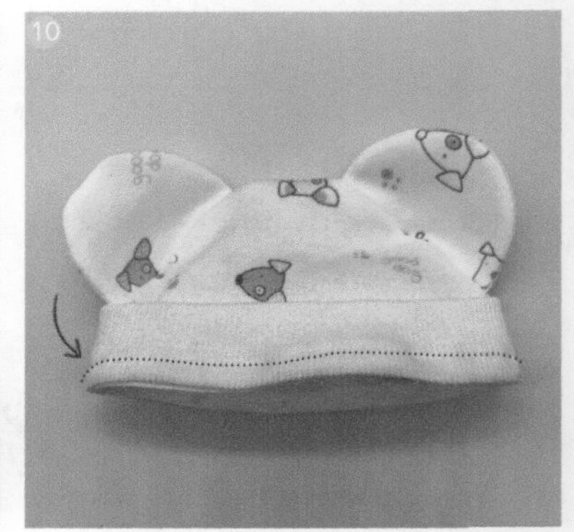

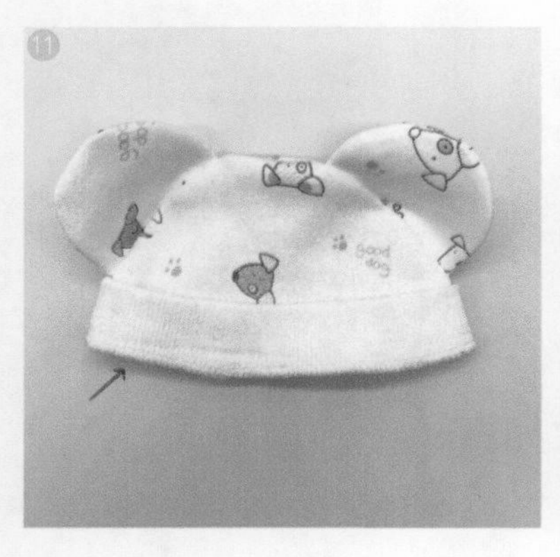

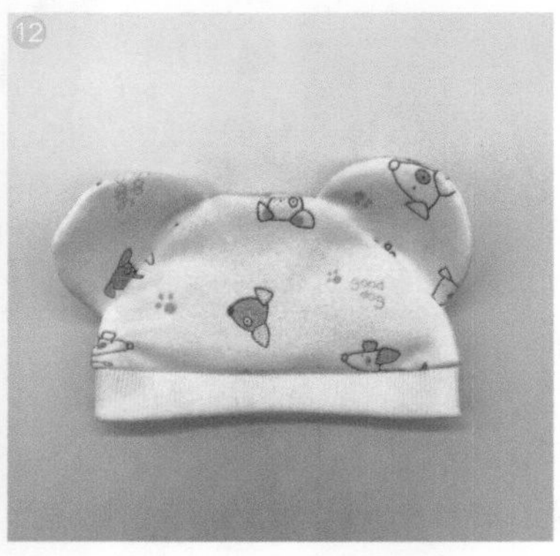

⑧ 将帽带裁片正面对折并进行缝合。

⑨~⑩ 将帽带对折，将窄边缝合后把帽带翻面，有缝份的一面在里边。将帽带绕在帽身上并进行缝制。

⑪~⑫ 对毛边进行锁边处理，将帽带翻到正面，缝制完成。

7

兔耳帽

成品展示

制作过程

面料说明

表布：烟花绒布料，克重约为 400g，弹力适中，表面毛线较长的一面为正面。

里布：水洗棉布，克重约为 110g，无弹力，无正反面之分。

面料的弹力与克重均会影响制版，读者在选用面料时可参考作者所给的参数。

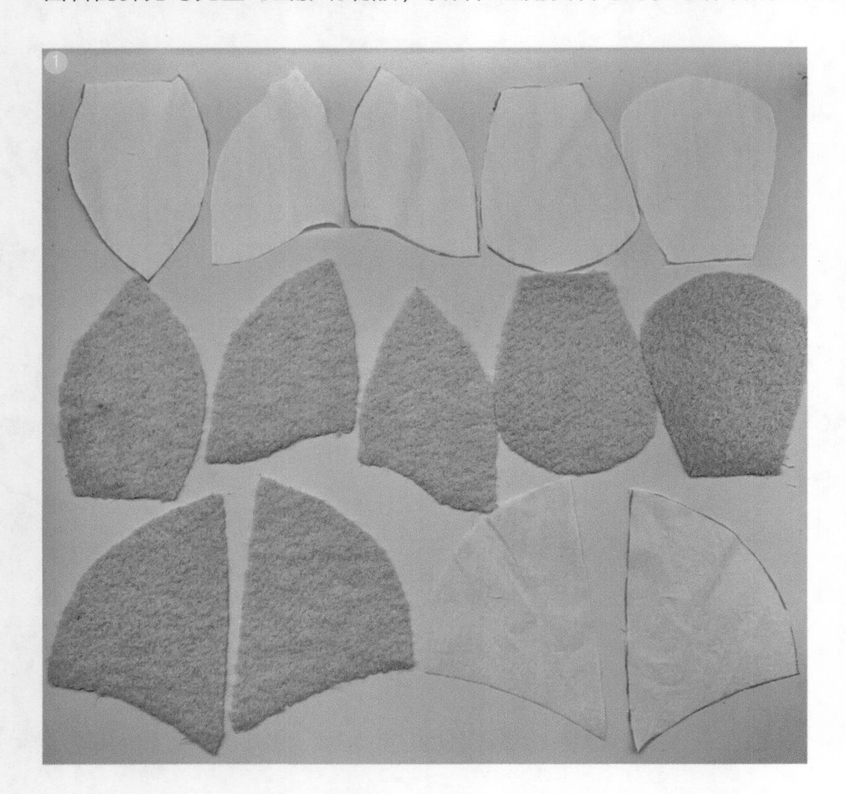

1 裁剪裁片。

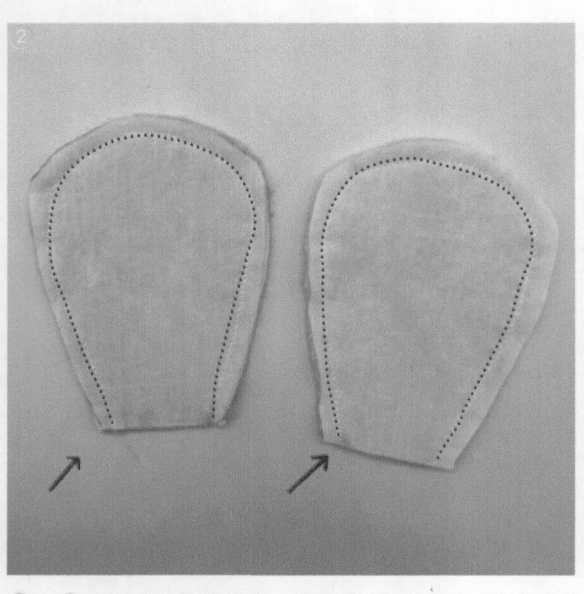

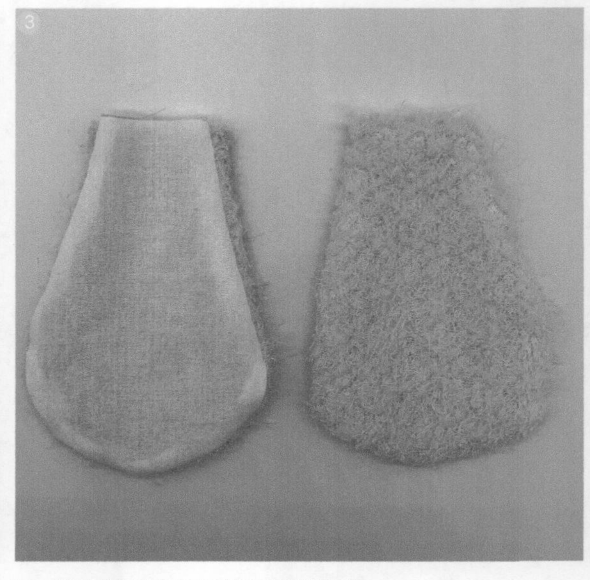

2～3 将兔耳裁片表布、里布两两正面相对并进行缝合，缝合好后将兔耳的正面翻出来。

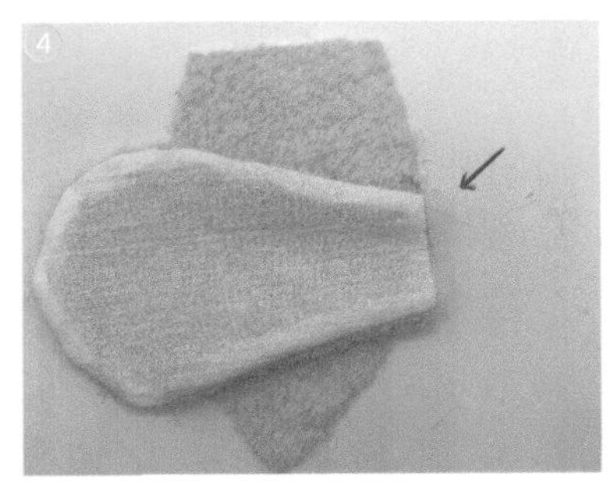

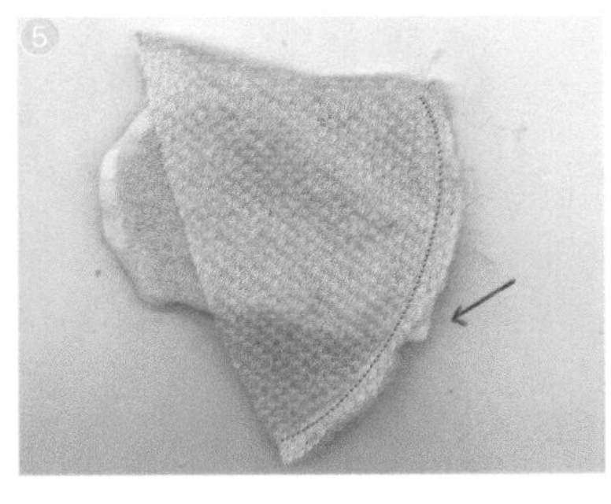

4 ~ 5 将兔耳裁片毛面与前片裁片表布相对，然后将其放在前片裁片表布和右前侧片裁片表布中间并进行缝合。

6 将兔耳裁片毛面倒向前片裁片表布，然后将其放在帽身前片裁片表布和左前侧片裁片表布中间并进行缝合。

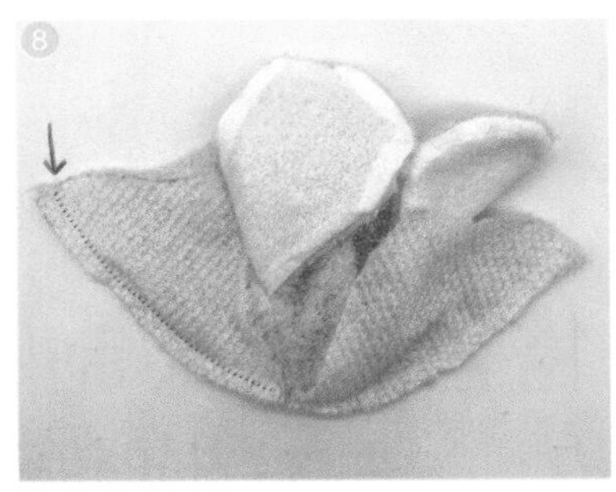

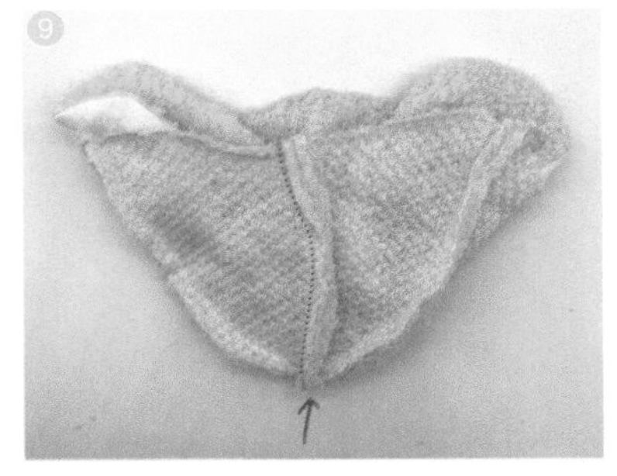

7 ~ 8 将左、右后侧片裁片表布和前侧片裁片表布缝合在一起。

9 将两片后侧片裁片表布缝合在一起。

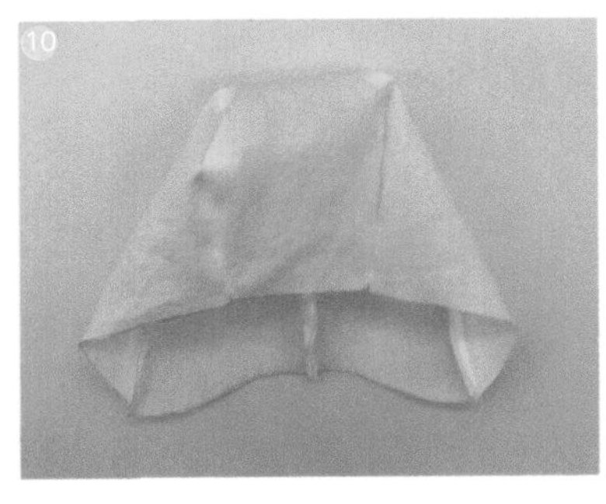

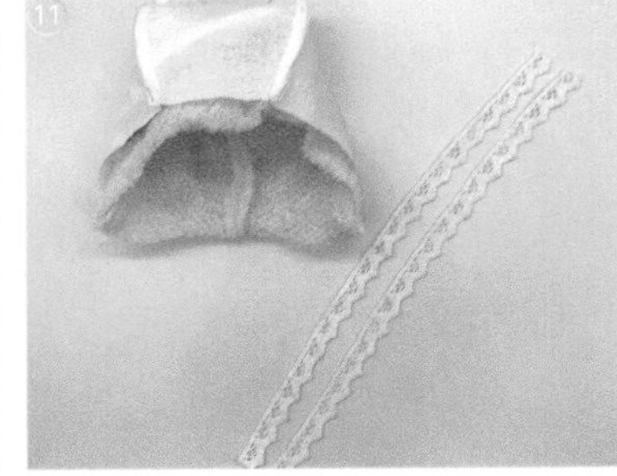

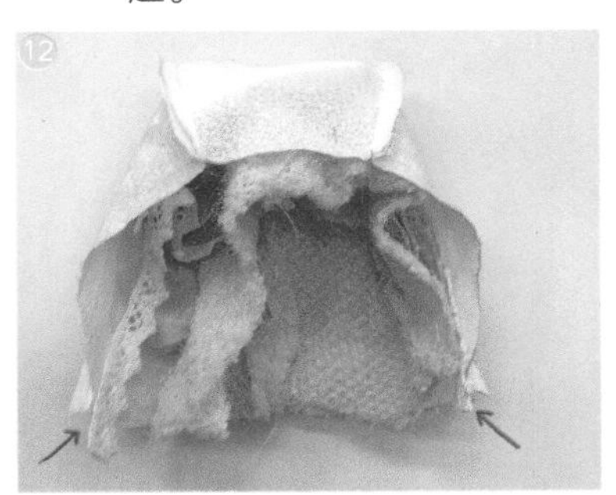

10 依次按前片裁片里布、前侧片裁片里布、后侧片裁片里布的顺序进行缝合。

11 ~ 12 取两条长约 25cm 的蕾丝带，将帽子里布和表布正面相对，将蕾丝带塞在前侧片裁片里布与后侧片裁片里布交界处底部。

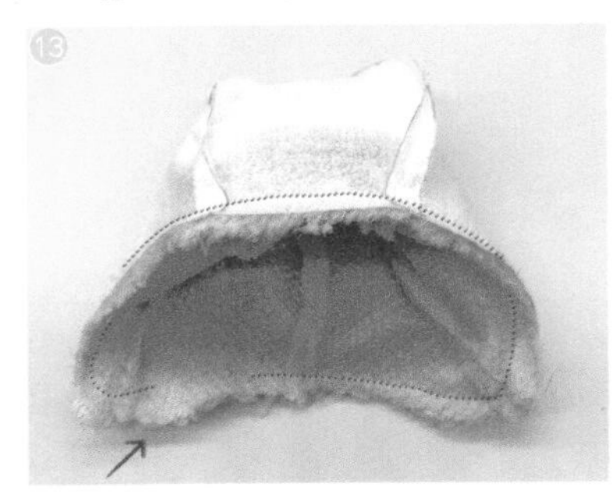

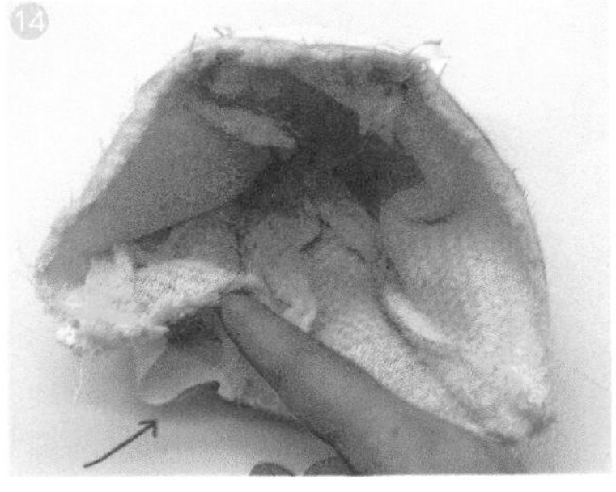

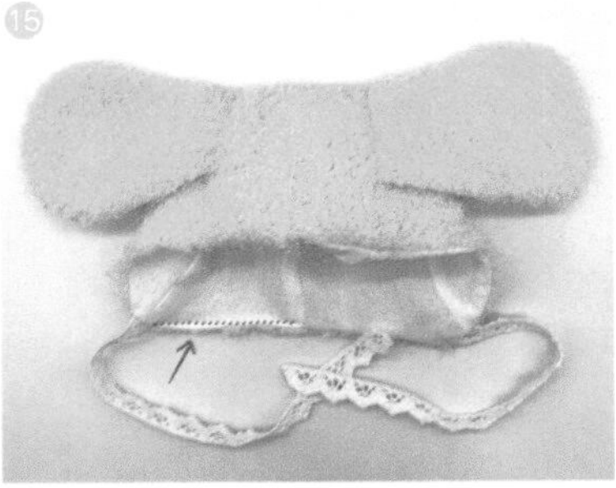

13 绕帽子外沿缝制一圈，注意留出返口。

14 ~ 15 将帽子正面从返口处翻出，并在返口处进行缝制以固定蕾丝带，缝制完成。

第7章

特色服装的制版与缝制

1

马甲

成品展示

制作过程

面料说明

表布：纯棉牛仔布料，缝制时需注意区分面料的正反面，颜色较深的一面为正面。该面料几乎无弹力，克重约为 650g。

里布：水洗棉布，克重约为 110g，无弹力，无正反之分。

面料的弹力与克重均会影响制版，读者在选用面料时可参考作者所给的参数。

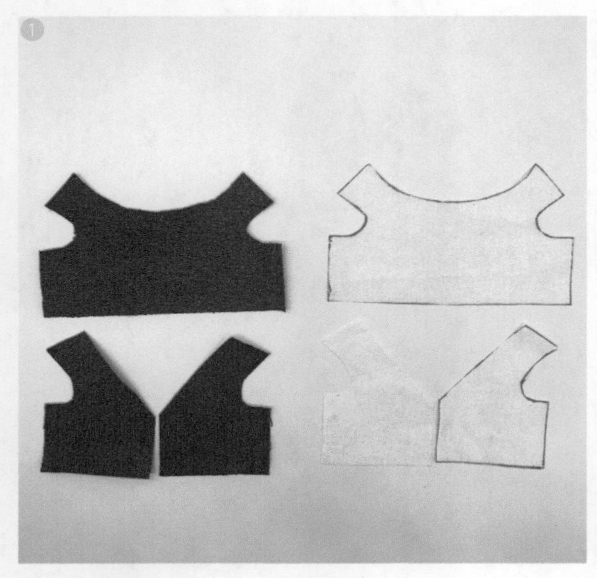

① 裁剪裁片。

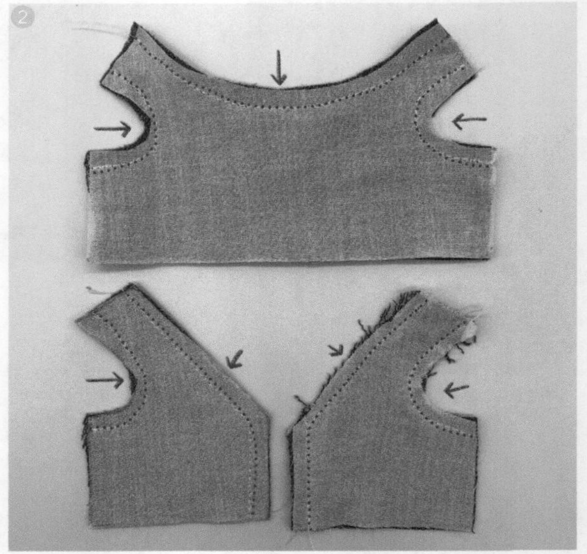

② 将裁片的表布与里布正面相对，分别将后片的袖笼线、领围线和前片的袖笼线、门襟线缝合在一起。

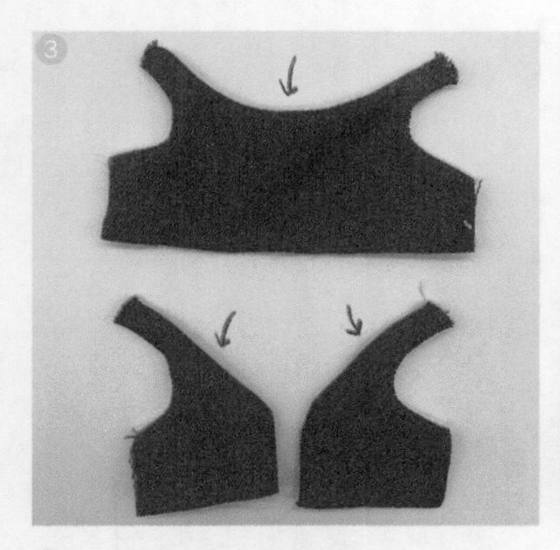

③ 分别将后片和前片翻到正面。

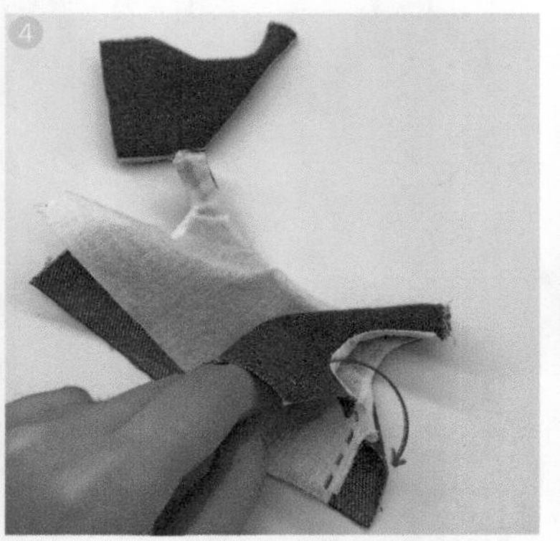

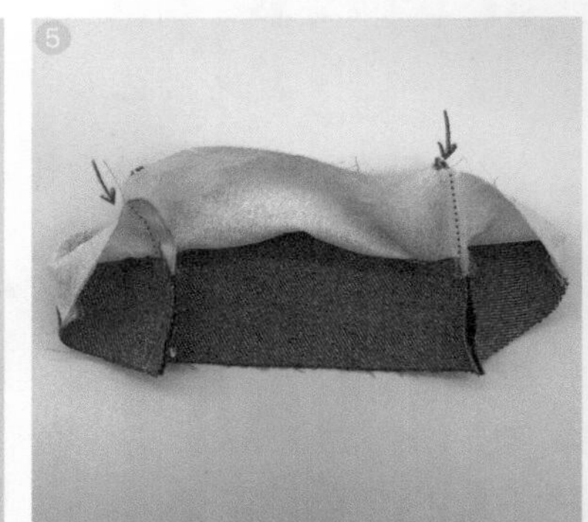

④ ~ ⑤ 将表布和里布的前片侧缝与后片侧缝缝合在一起。

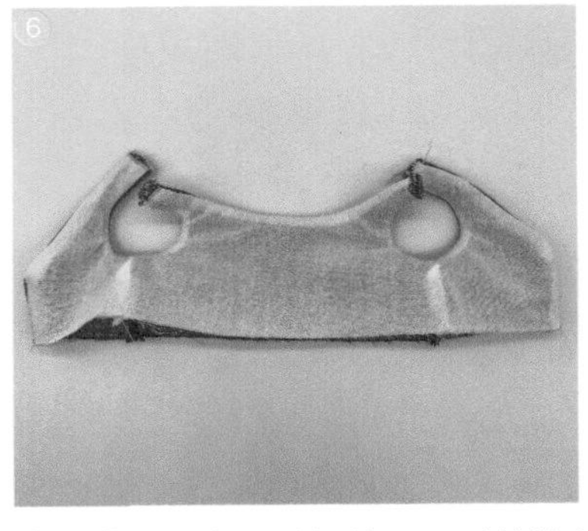

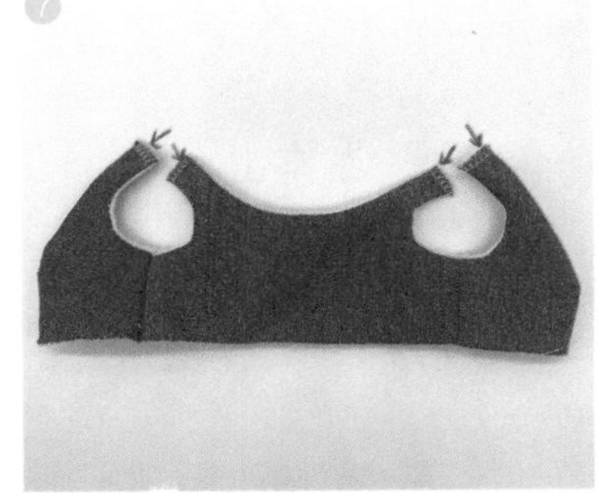

⑥～⑦ 将衣服稍加整理，对前片和后片的肩线进行锁边处理。

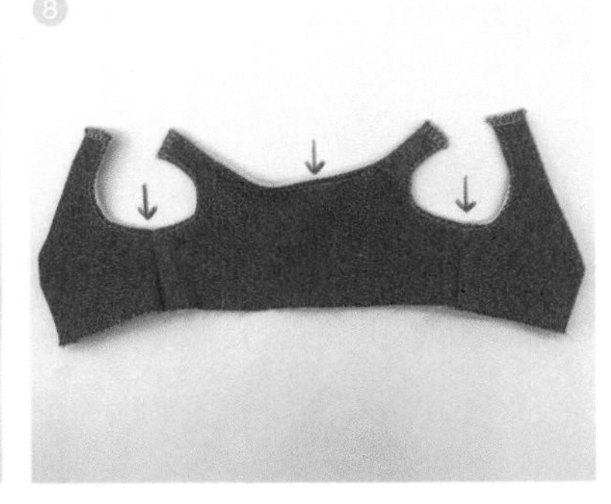

⑧ 在袖笼处和领子边缘压一道明线。

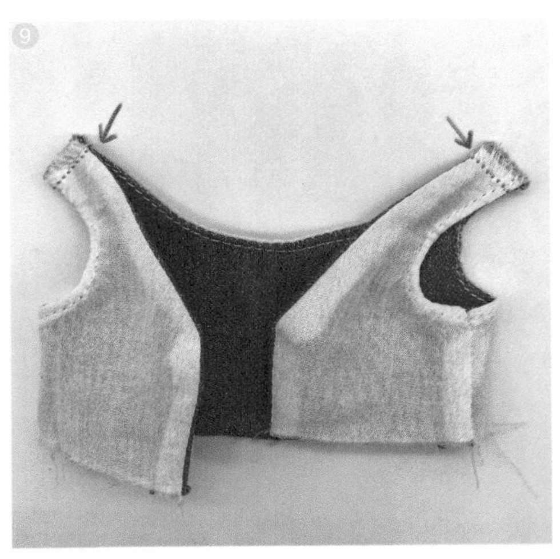

⑨ 将前片和后片的肩线缝合在一起。

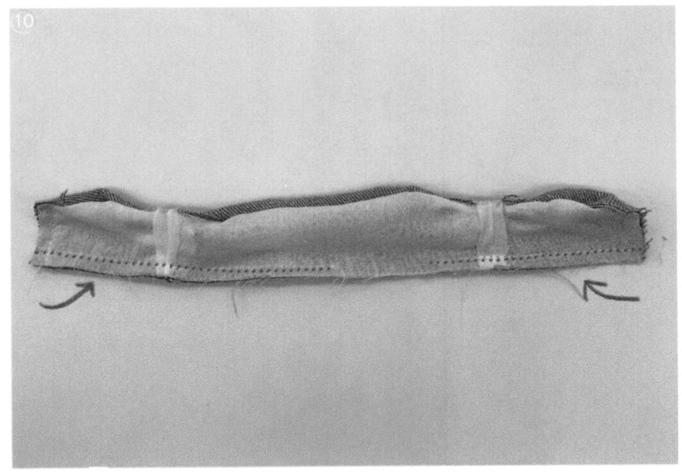

⑩ 将衣服翻到反面，把表布和里布的下摆缝合，注意留出返口以便将衣服翻到正面。

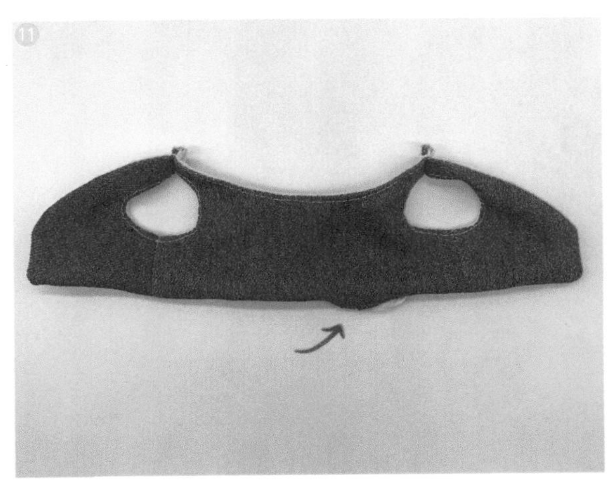

⑪～⑫ 将衣服翻到正面，并在门襟和下摆处分别压明线，缝制完成。

2

连帽卫衣

成品展示

制作过程

面料说明

本案例选用弹力纯棉卫衣布料，缝制时需注意区分面料的正反面，较光滑的一面为正面。该面料具有高弹性，克重约为 400g。面料的弹力与克重均会影响制版，读者在选用面料时可参考作者所给的参数。

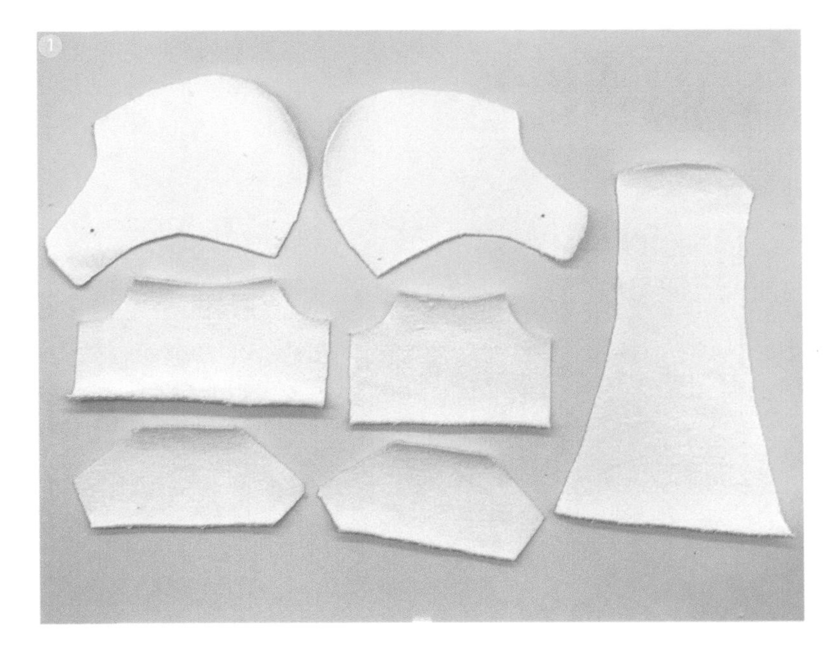

❶ 裁剪裁片。

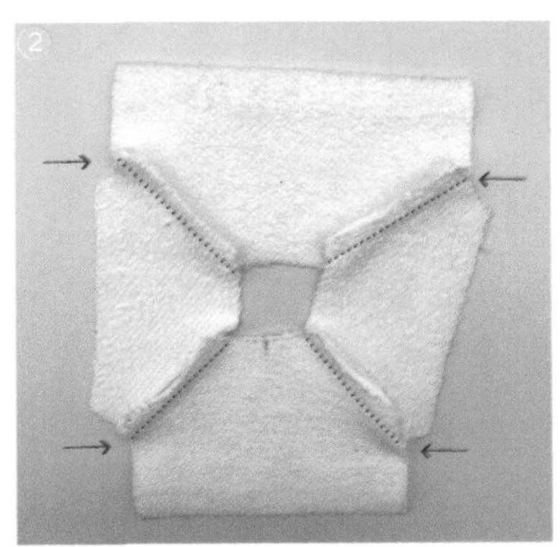

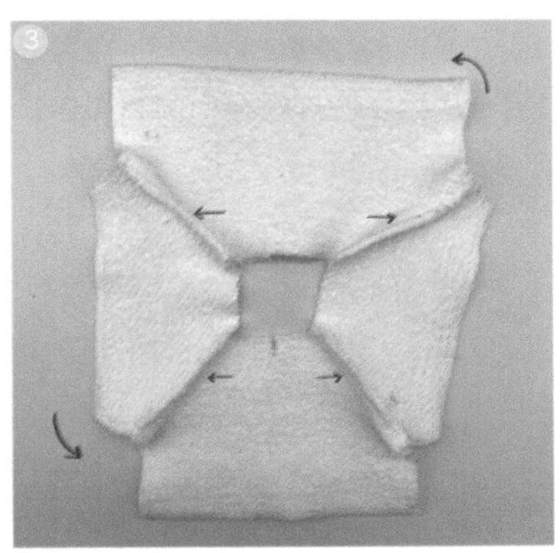

❷ 将前片、左袖、后片、右袖缝合到一起。

❸ 对衣服所有的毛边进行锁边处理，领子一圈的毛边先不进行锁边处理。

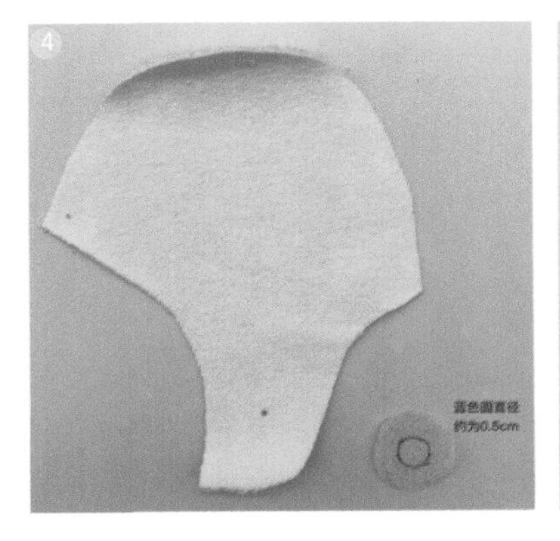

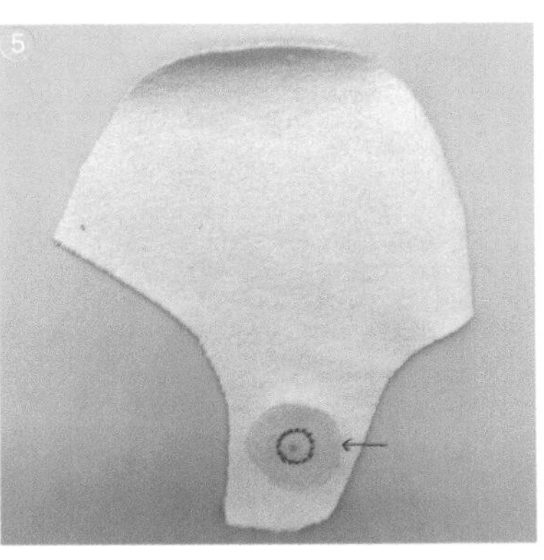

❹～❺ 准备两个绘制了直径为 0.5cm 的圆形的圆形小布片，将小布片放置在帽子侧片的正面标点处，在帽子侧片上缝制一个直径为 0.5cm 的圆圈。

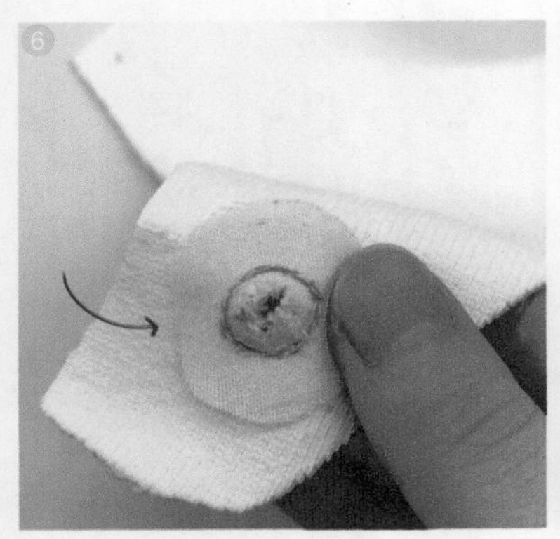

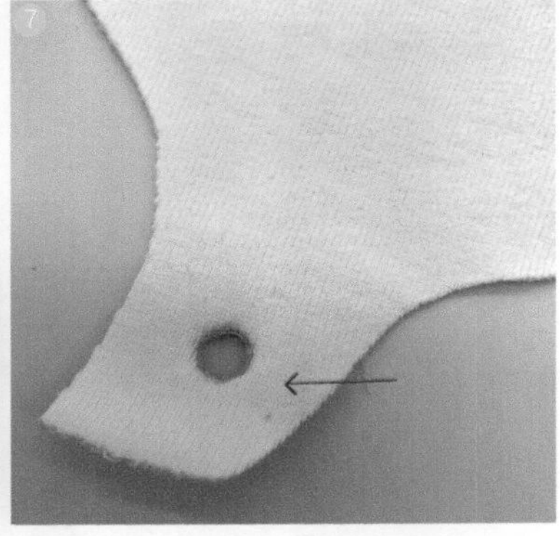

6 ~ 7 将帽子侧片缝线内的部分用剪刀剪开，沿圆圈剪一个圆，将布料翻面。

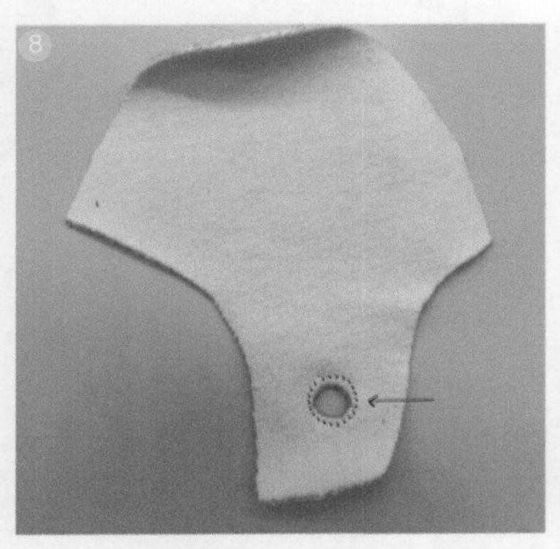

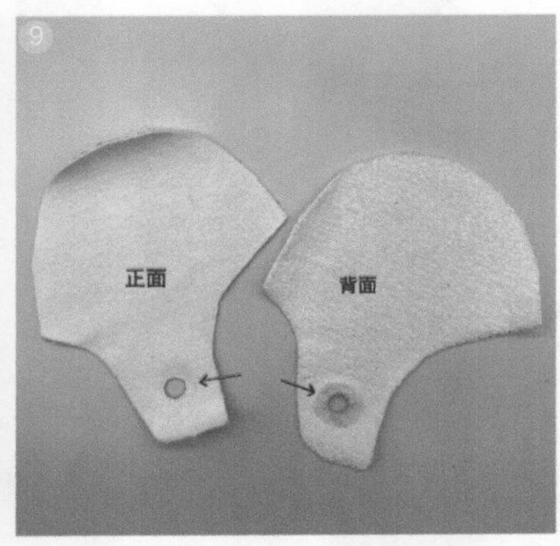

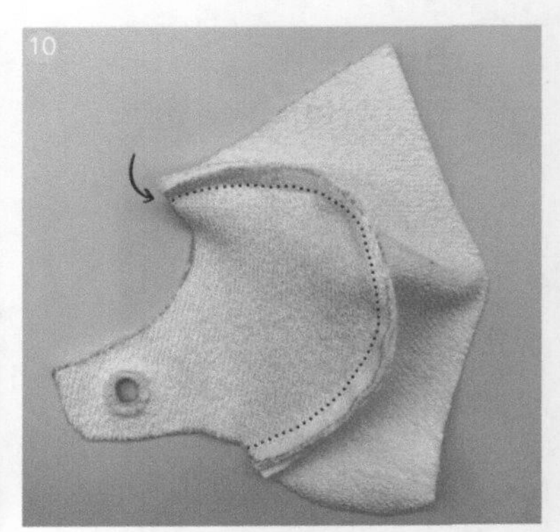

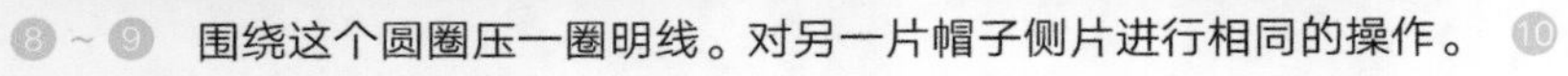

8 ~ 9 围绕这个圆圈压一圈明线。对另一片帽子侧片进行相同的操作。

10 将帽子右侧片和帽子中心片缝合起来。

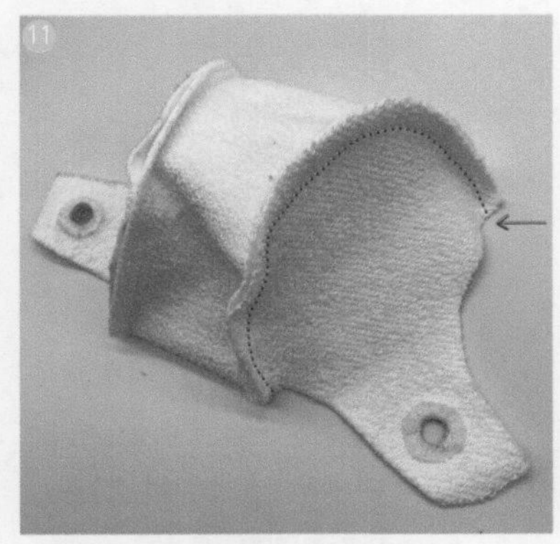

11 将帽子的左侧片和帽子中心片缝合起来。

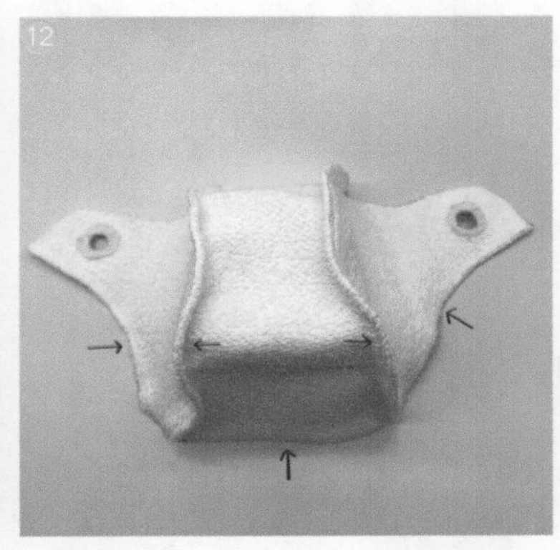

12 对帽子缝合线处、帽子外沿处进行锁边处理。

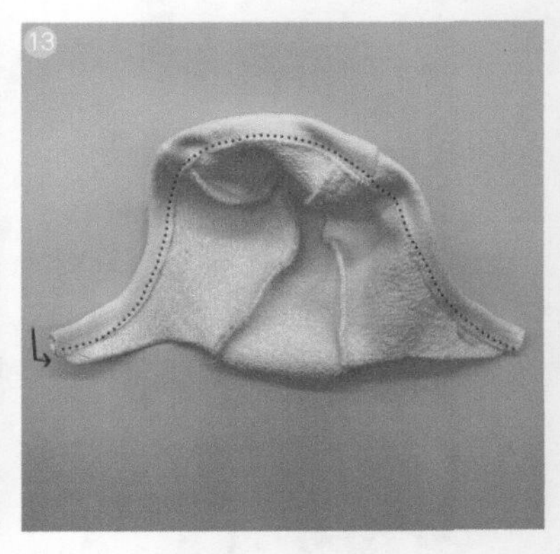

13 将帽子外沿向里折叠 1.5cm 并进行缝制。

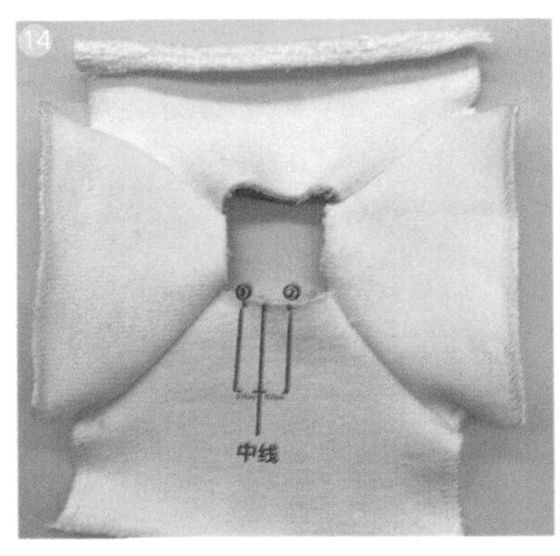

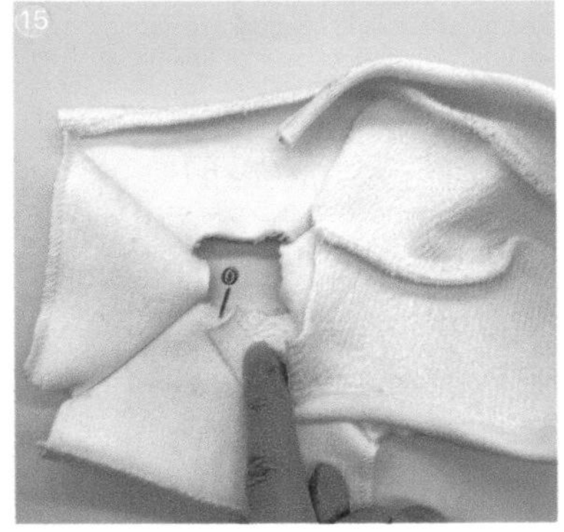
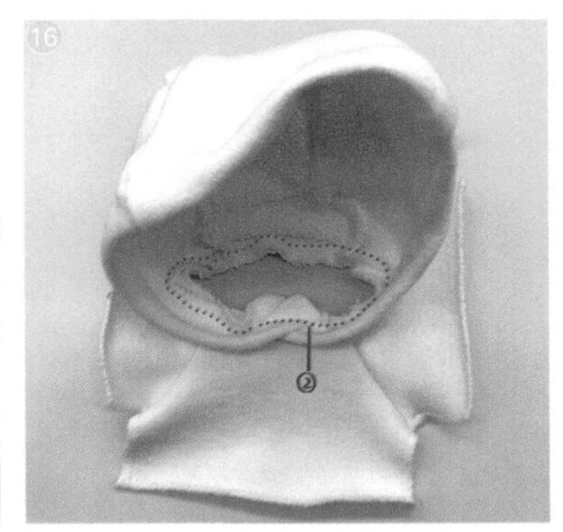

⑭～⑯ 在前片的中线上左、右各 0.7cm 处打上标记。从图示①处开始将帽子缝合到衣服上，一直如图示缝合到②的位置。

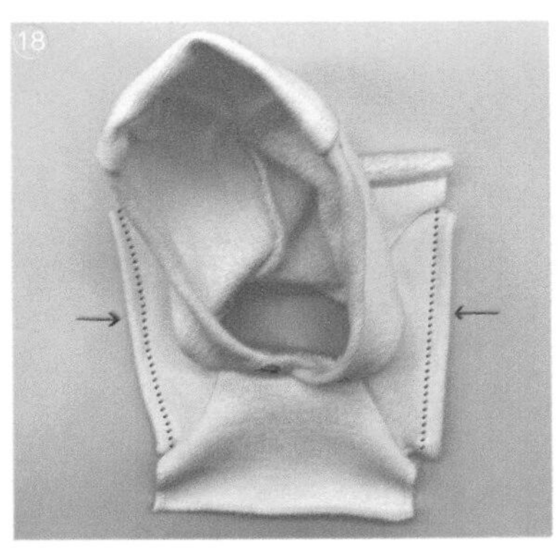
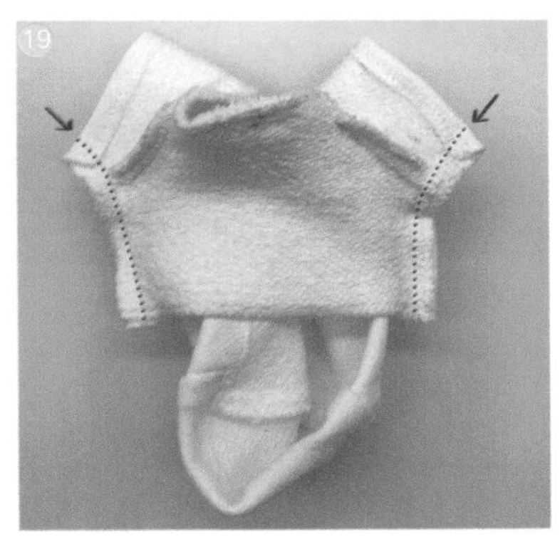

⑰ 对领子的毛边进行锁边处理。

⑱ 将袖口下摆向里折叠 0.7cm 并进行缝制。

⑲ 将前、后片的左、右缝缝合在一起。

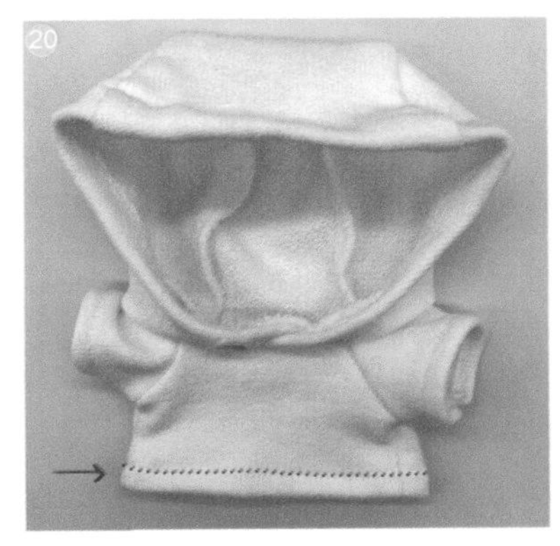

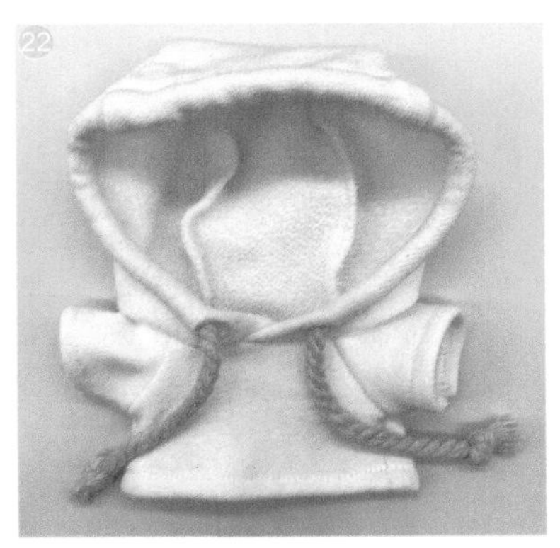

⑳ 将衣服下摆向里折叠 0.7cm 并进行缝制。

㉑ 取一段长约 55cm 的卫衣绳，用穿带器将绳子穿进帽子。

㉒ 缝制完成，进行熨烫整理。

3

爬爬服

成品展示

制作过程

面料说明

纯棉夹棉布料：缝制时需注意区分面料的正反面，有图案的一面为正面，面料弹力适中，克重约为 500g。

蓝色螺纹布料：克重约为 260g，弹力大，螺纹较凹凸不平的一面为正面。

面料的弹力与克重均会影响制版，读者在选用面料时可参考作者所给的参数。

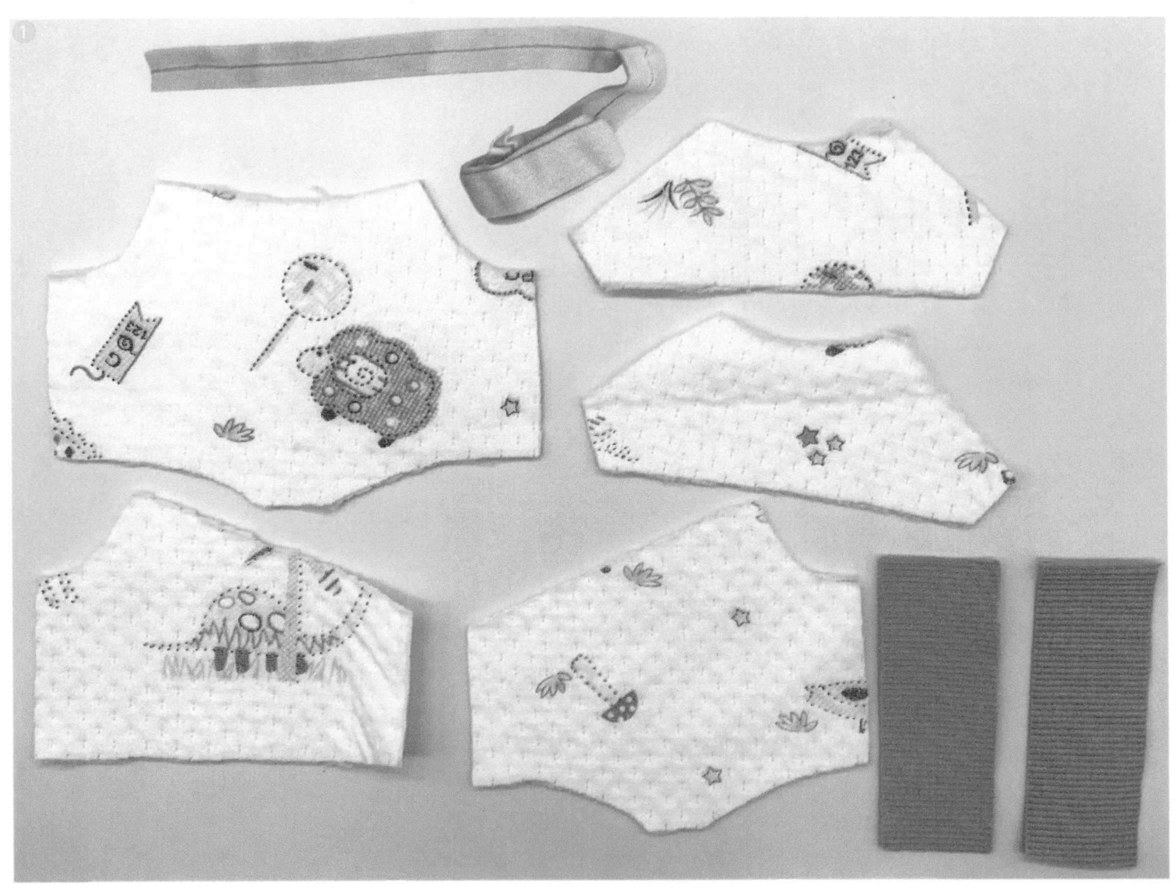

① 裁剪裁片。

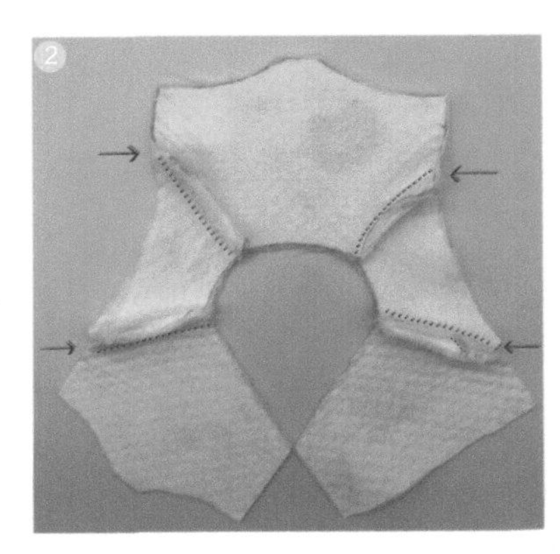

② 将衣服的左、右前片，袖子，后片缝合在一起。

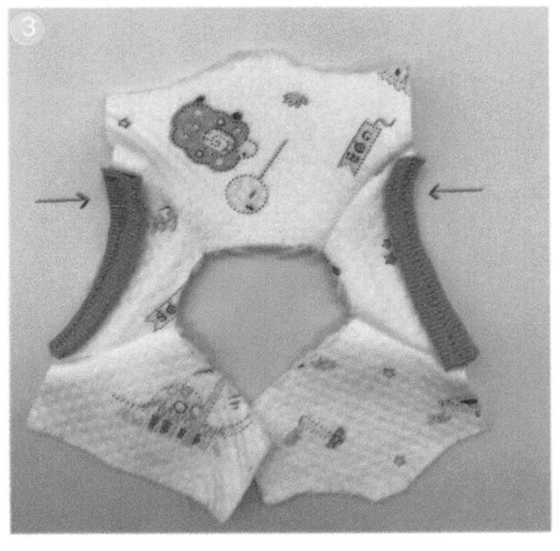

③ 将袖子下摆螺纹裁片对折并和袖子缝合在一起。

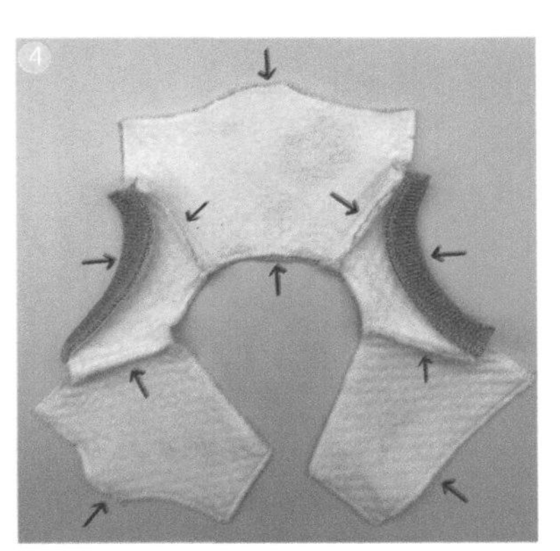

④ 对衣服所有的毛边进行锁边处理。

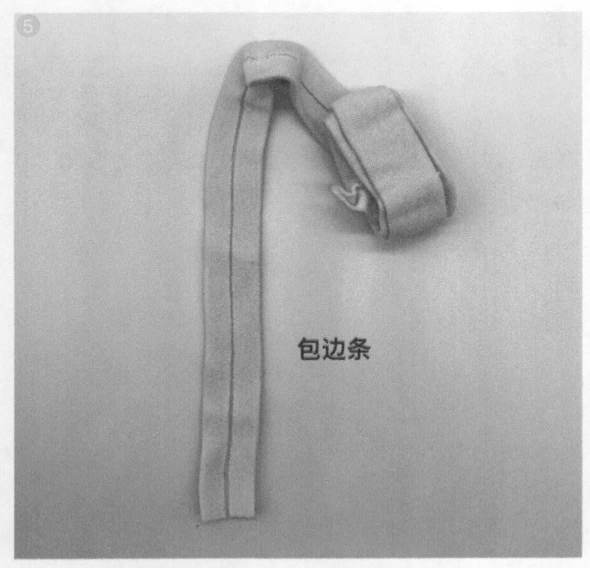

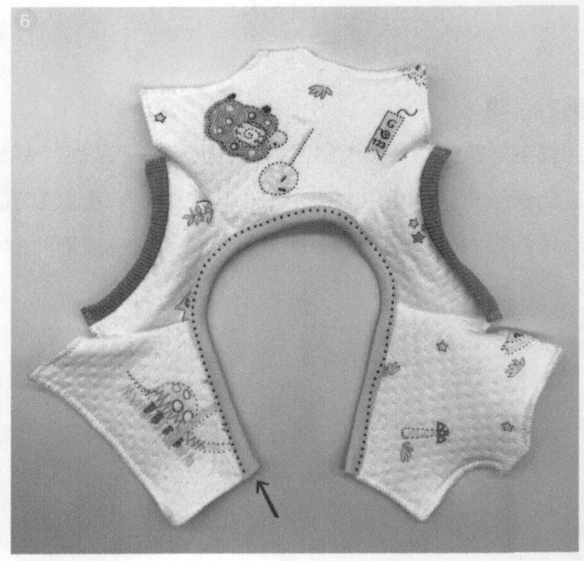

5 ~ 6 取一段包边条，用包边条包裹门襟和领子边缘进行缝合。

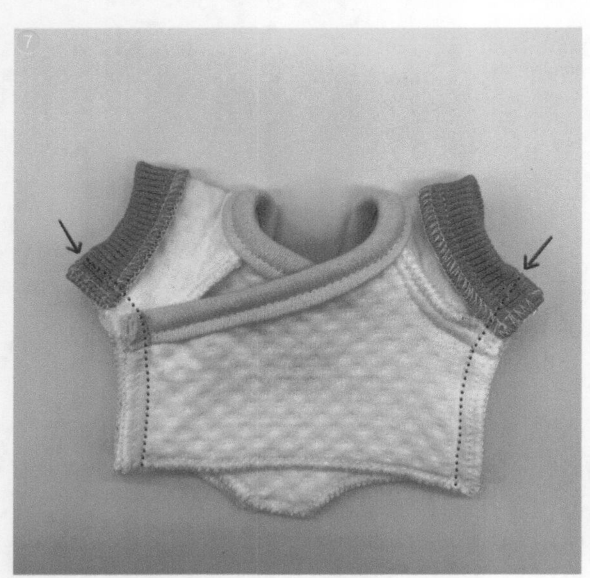

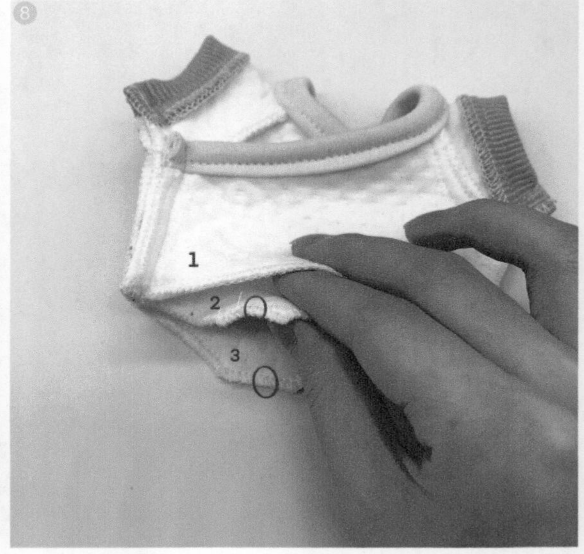

7 ~ 8 将左前片、右前片、后片正面相对，并将侧缝缝合在一起，注意左、右两边侧缝均有 3 层布料。

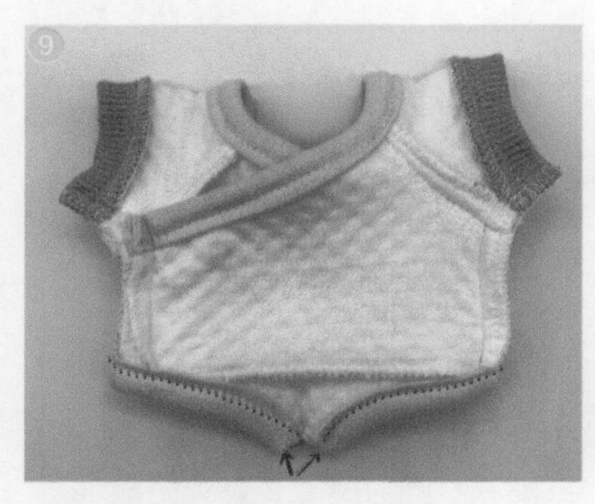

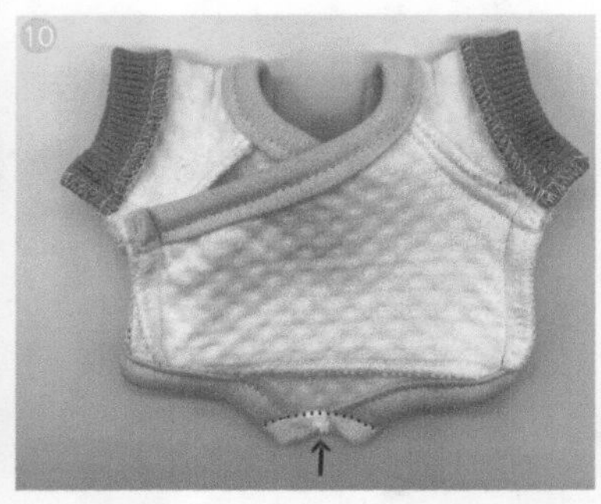

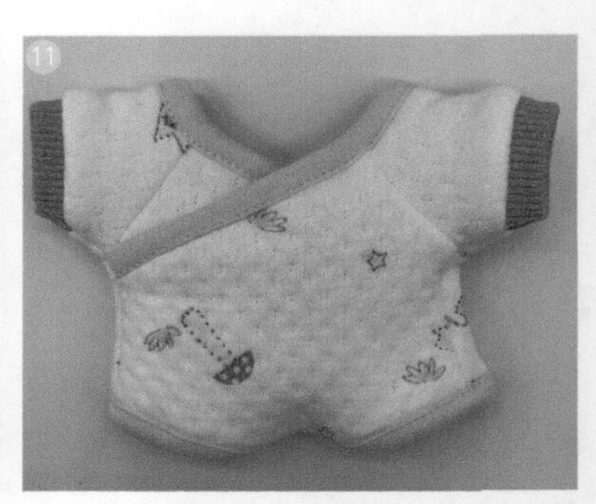

9 取一段包边条，用其包裹左、右裤脚边缘并进行缝合。

10 将前后片的裤子下摆线如图所示缝合在一起。

11 将衣服翻到正面并进行熨烫整理，缝制完成。

4

棒球服

成品展示

制作过程

面料说明

本案例衣身选用弹力卫衣布料，该面料具有较强弹力，克重约为 450g。其余处选用螺纹面料，该面料克重约为 500g，具有高弹力。面料的弹力与克重均会影响制版，读者在选用面料时可参考作者所给的参数。

① 裁剪裁片。

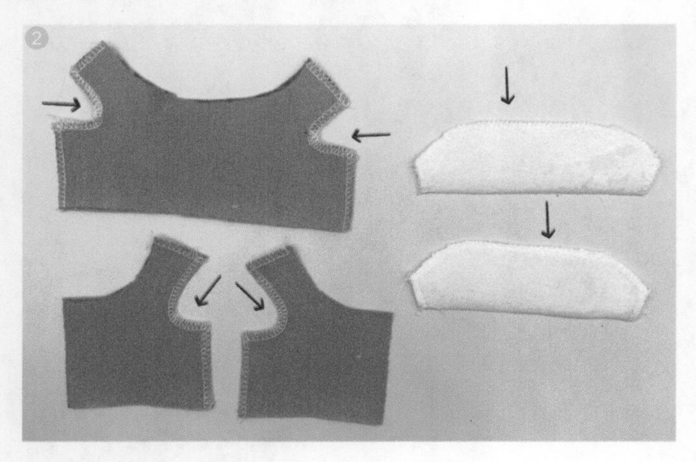

② 对前、后片的肩线处和袖笼线处，以及袖子的袖笼线处进行锁边处理。

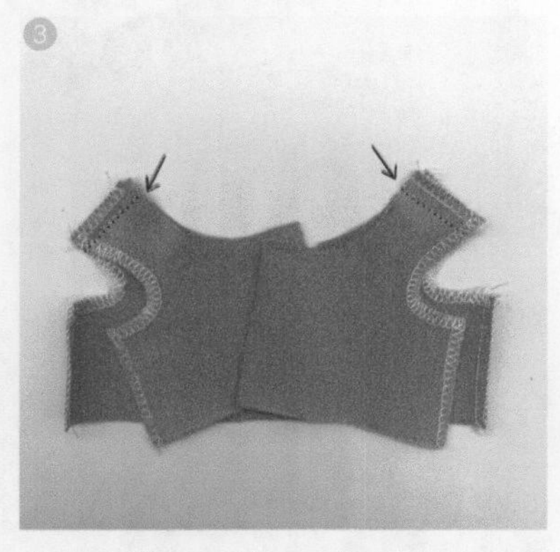

③ 将前、后片正面相对并将肩线缝合在一起。

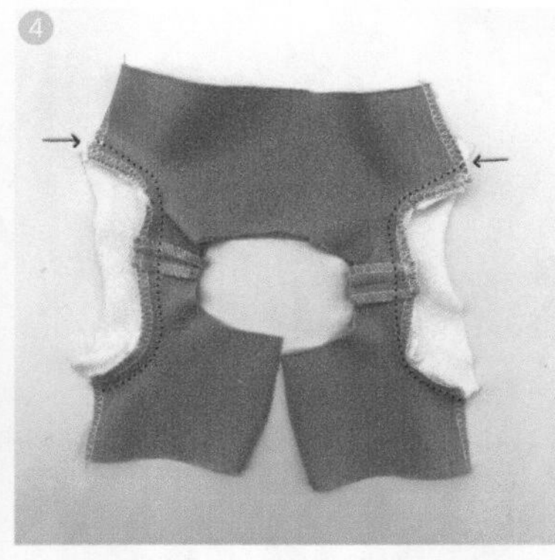

④ 将袖子缝合到前、后片上。

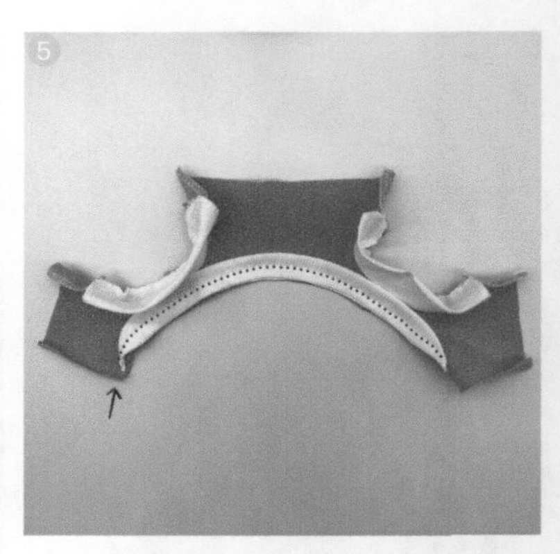

⑤ 将领子螺纹裁片对折并将其缝在衣身上，注意首尾各留 1.4cm 的余量不缝制。

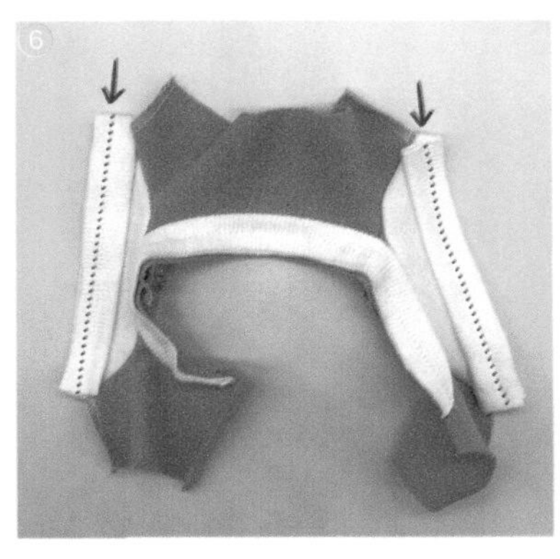

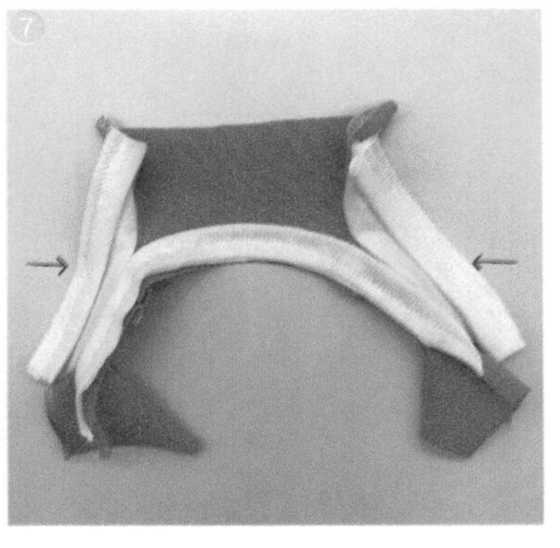

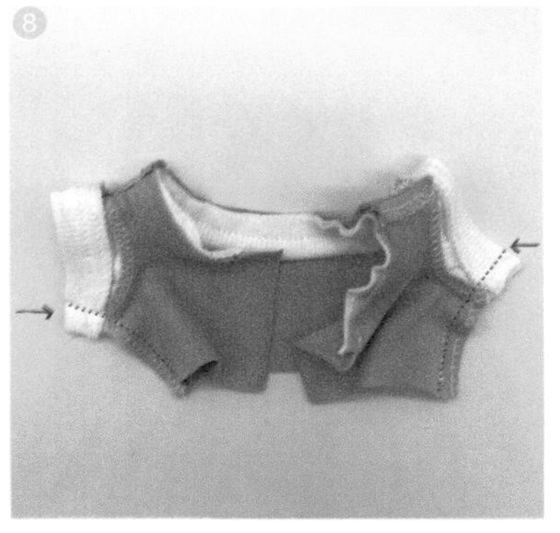

⑥～⑦ 将袖子下摆螺纹裁片对折并缝在袖子上，缝合后进行锁边处理。

⑧ 将前、后片的左、右侧缝缝合在一起。

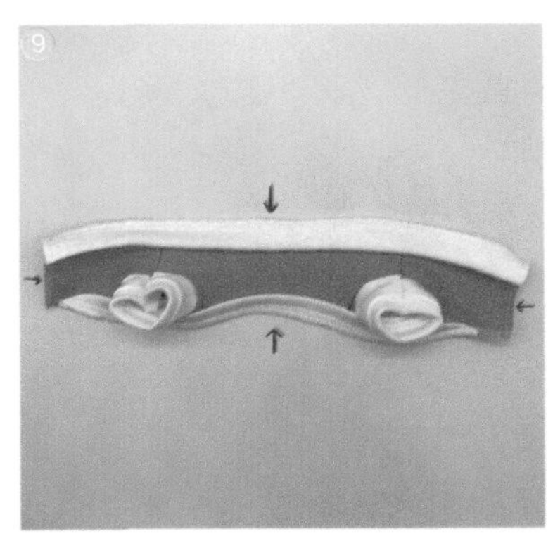

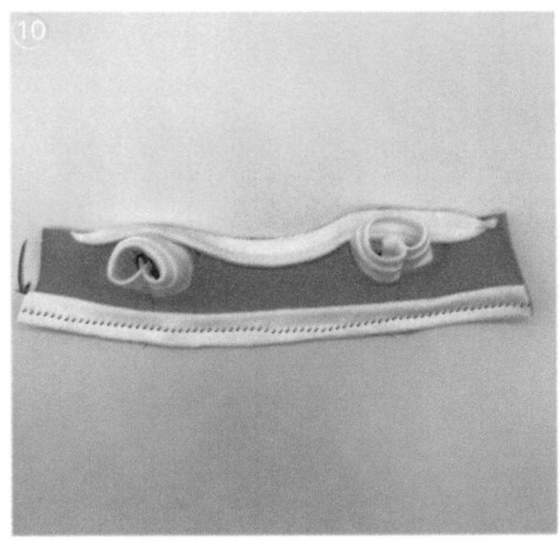

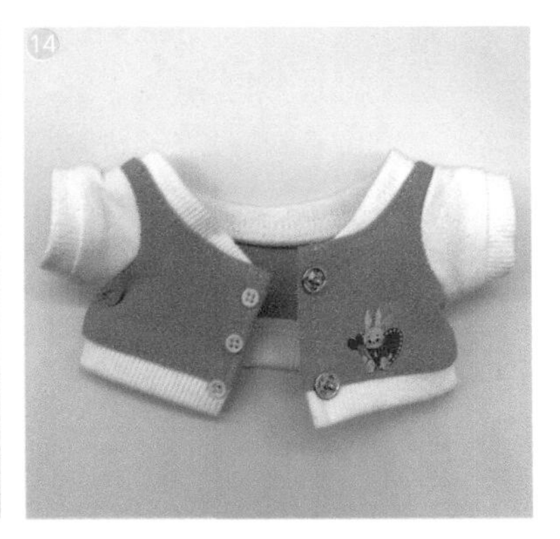

⑨ 将衣服下摆螺纹裁片对折并缝合在衣服上。

⑩～⑪ 对衣服下摆和领子进行锁边处理，随后对两侧门襟也进行锁边处理。

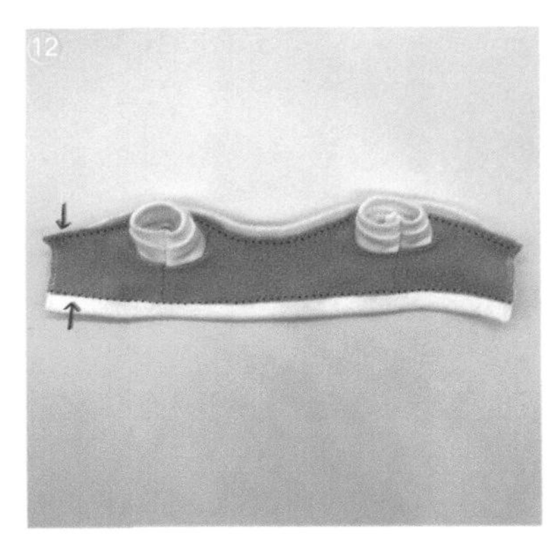

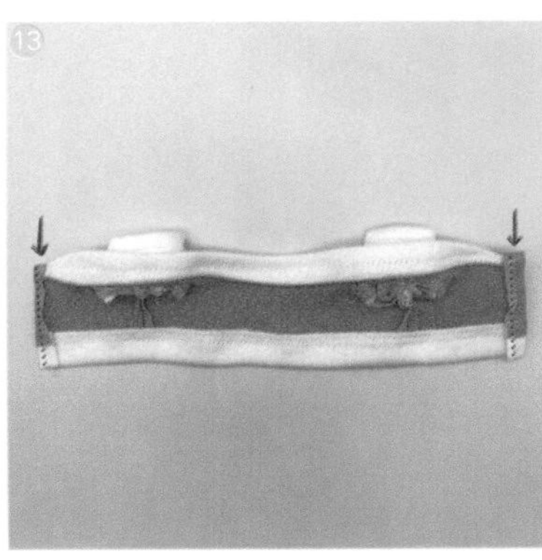

⑫ 在领子和下摆处各压一道明线。

⑬ 将左、右门襟向里折叠 0.7cm 并进行缝制。

⑭ 在门襟处缝上扣子，并烫上烫画以作装饰，缝制完成。

5

棉服

成品展示

制作过程

面料说明

纯棉夹棉布料：缝制时需注意区分面料的正反面，较光滑的一面为正面，面料弹力适中，克重约为 500g。

全棉黄色灯芯绒布料：正面有凹凸不平感，克重约为 550g，几乎无弹力。

黄白相间棉布料：克重约为 300g，几乎无弹力。

白色泰迪绒布料：克重约为 500g，弹力适中。

面料的弹力与克重均会影响制版，读者在选用面料时可参考作者所给的参数。

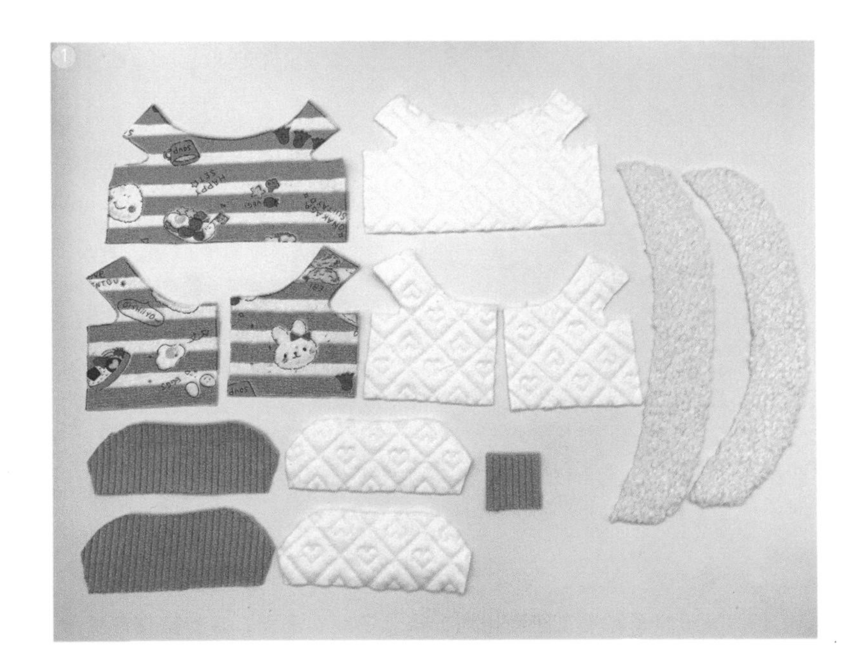

❶ 裁剪裁片。

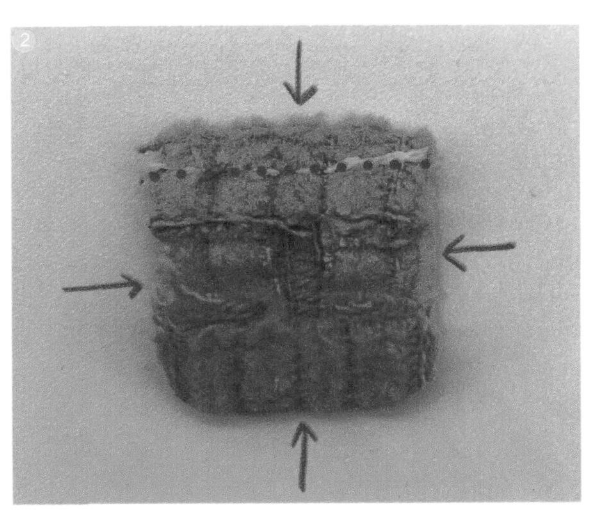

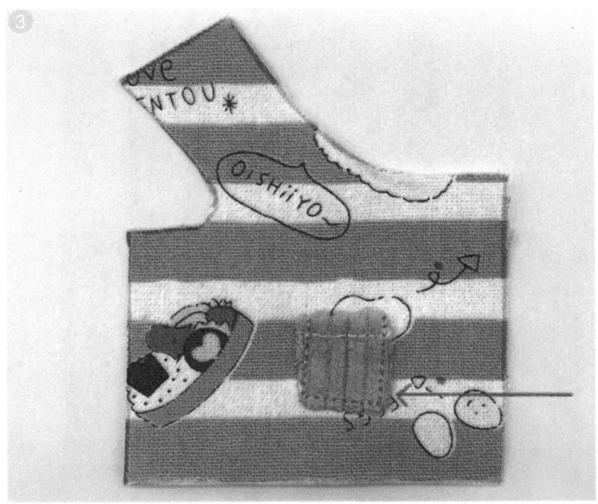

❷ ~ ❸ 将口袋裁片四周向里折叠 0.7cm，先将口袋上端缝合固定，之后将口袋缝在左前片上。

④ 前、后片正面相对，将前、后片的肩线缝合在一起。

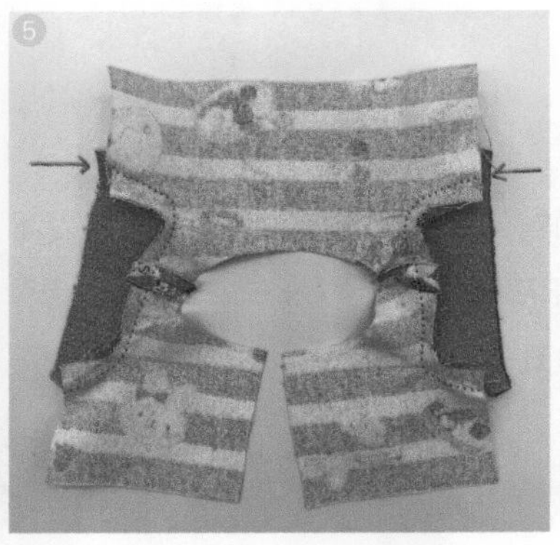

⑤ 将左、右袖子缝合在前、后片上。

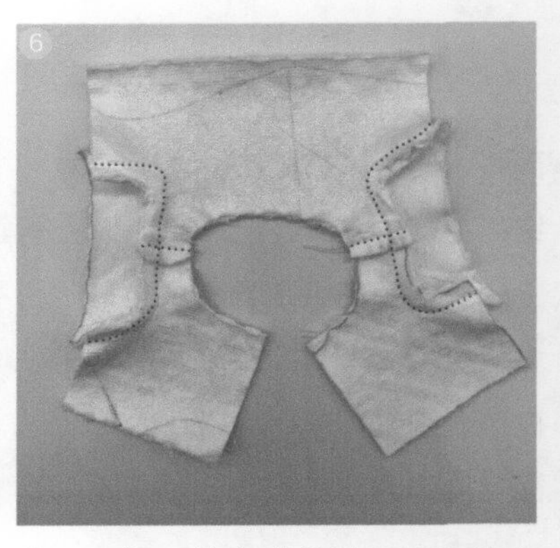

⑥ 用相同的方式将棉服里布缝合起来。

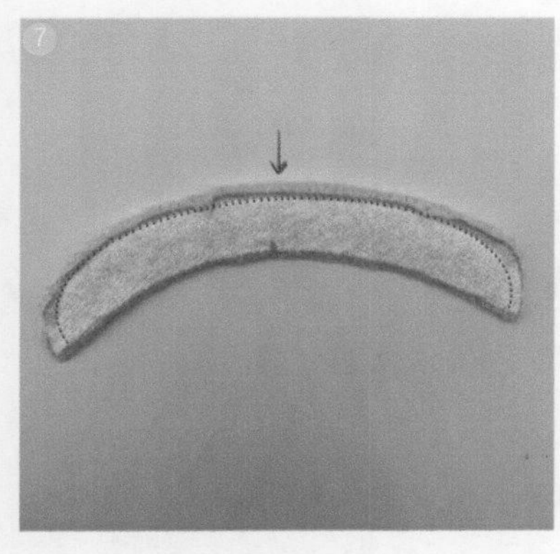

⑦ 将两片领子裁片正面相对并缝合起来。

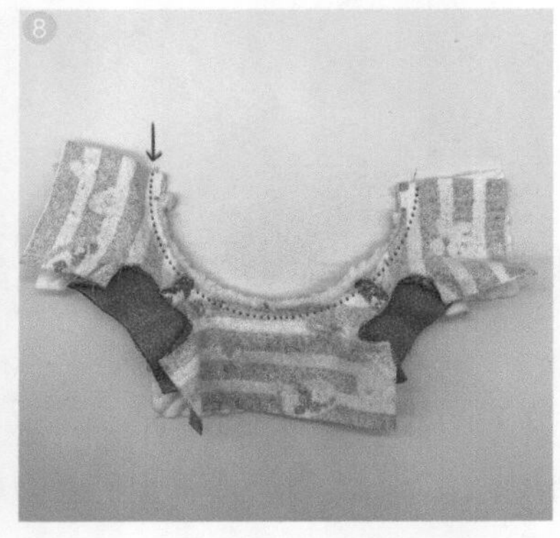

⑧～⑨ 棉服表布和里布正面相对，将领子翻到正面，并将其夹在棉服表布和里布中间进行缝合，注意首尾各留 1.7cm 的余量作门襟。

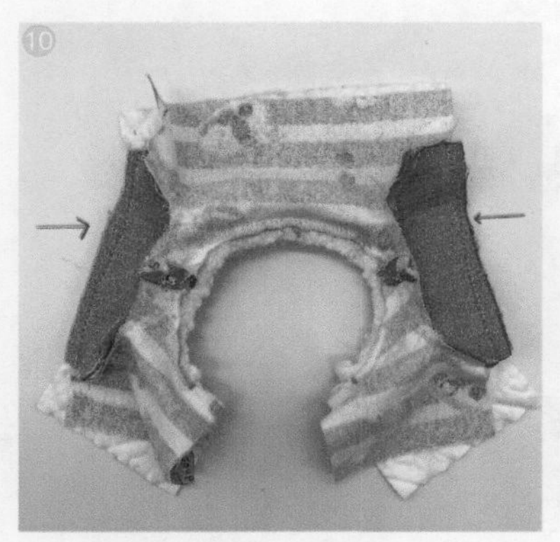

⑩ 将棉服里布的袖子下摆线和棉服表布的袖子下摆缝合在一起。

⑪～⑫ 将衣服前片部分从袖子处塞出，从而将衣服翻到正面。

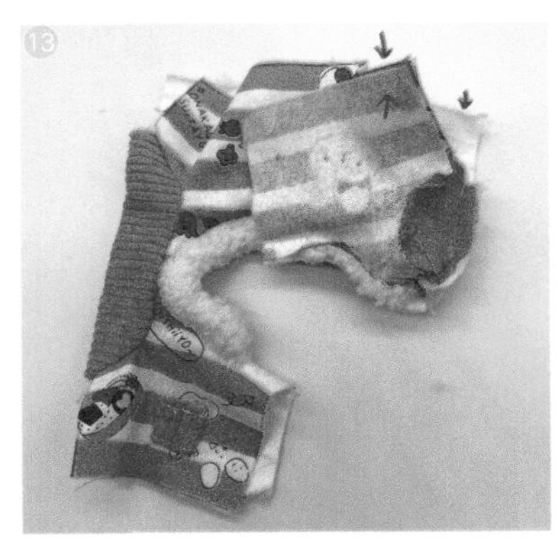

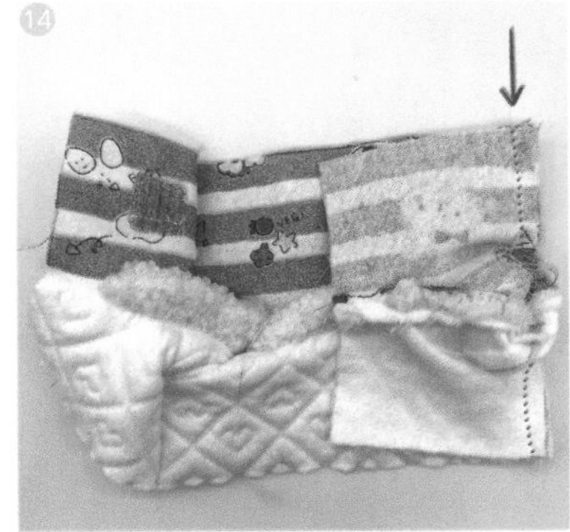

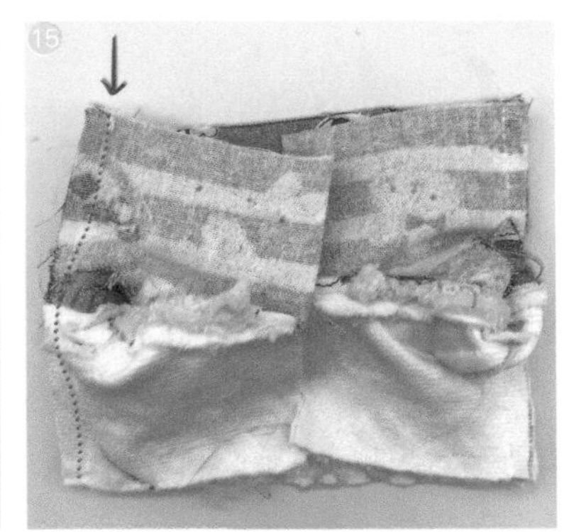

⑬～⑭ 将衣服右前片侧缝和后片的侧缝缝合起来。

⑮ 将衣服左前片侧缝和后片的侧缝缝合起来。

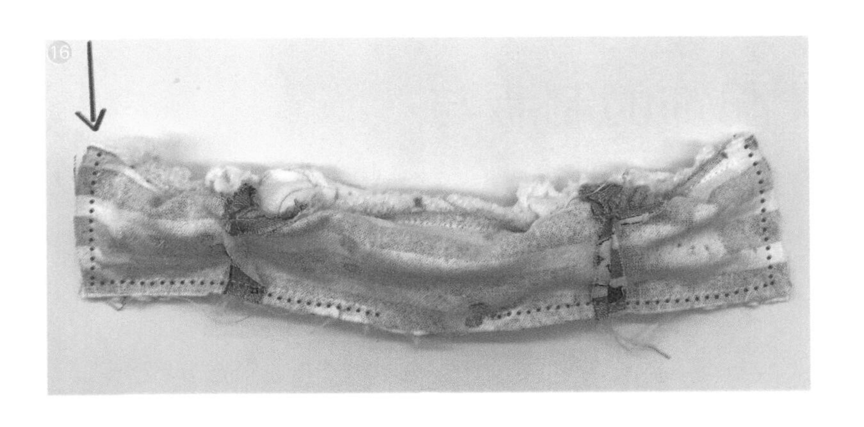

⑯ 将棉服表布和里布正面相对并缝合起来，注意留出返口。

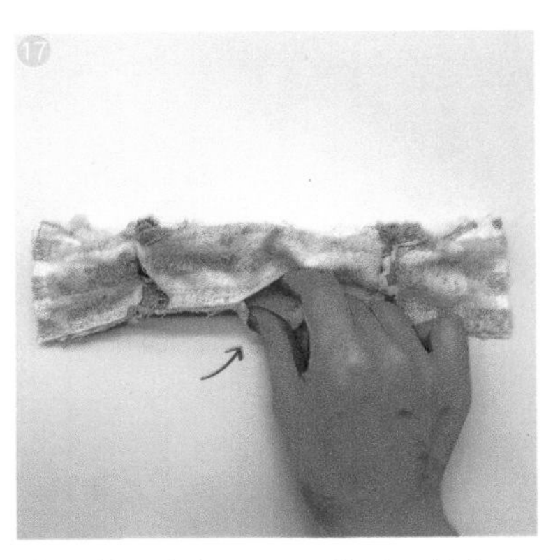

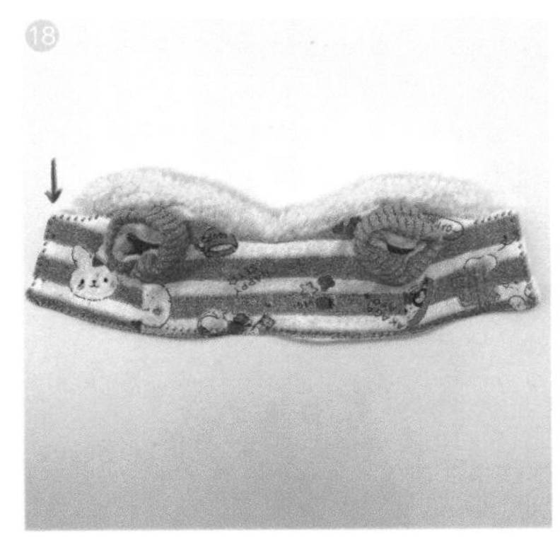

⑰～⑱ 将衣服正面从返口处翻出来，并在正面四周压一圈明线，注意将返口一并缝上。

⑲ 在门襟处缝上扣子，缝制完成。可加上各种装饰。

第8章

配饰的制版与缝制

1

发带

成品展示

制作过程

面料说明

本案例选用纯棉碎花布料，该面料略微具有弹力，克重约为 180g。面料的弹力与克重均会影响制版，读者在选用面料时可参考作者所给的参数。

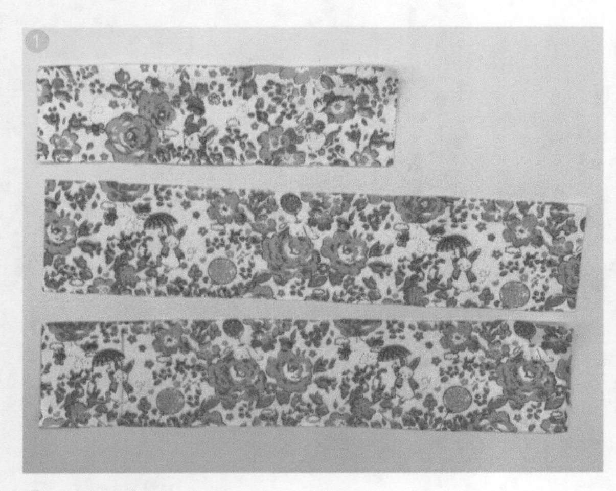

① 裁剪裁片。

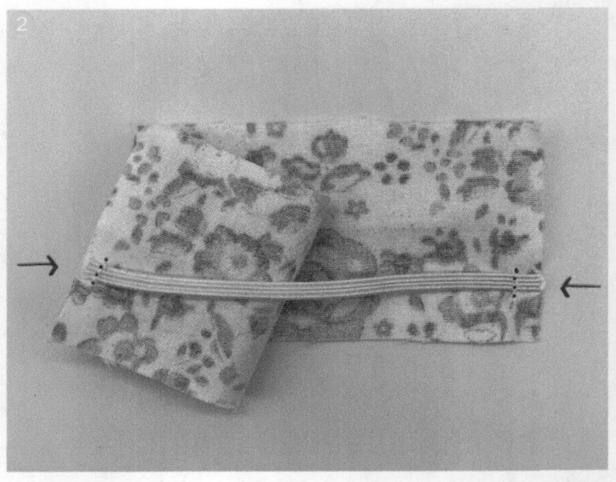

② 取一根长约 9cm 的松紧带缝在后片两端处，注意缝在后片中心线下方 1cm 左右的位置。

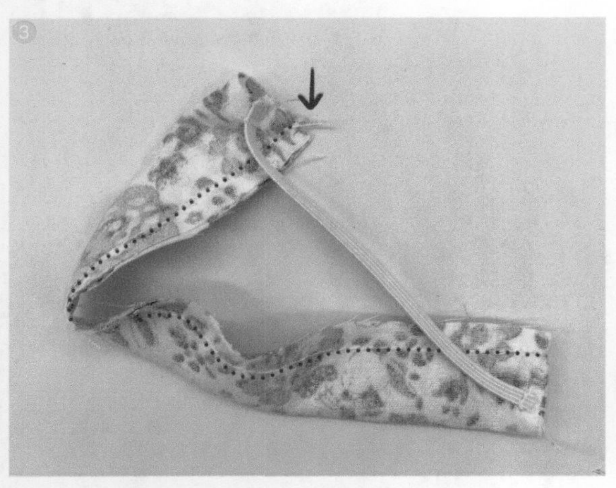

③ 将后片正面相对对折并缝合在一起。

④ 将后片翻到正面。

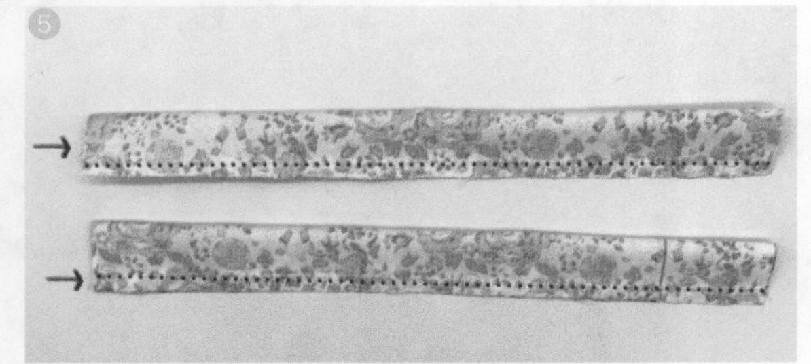

⑤ ~ ⑥ 分别将两片前片正面相对对折并缝合在一起，缝合好后将前片正面翻出来并进行熨烫整理。

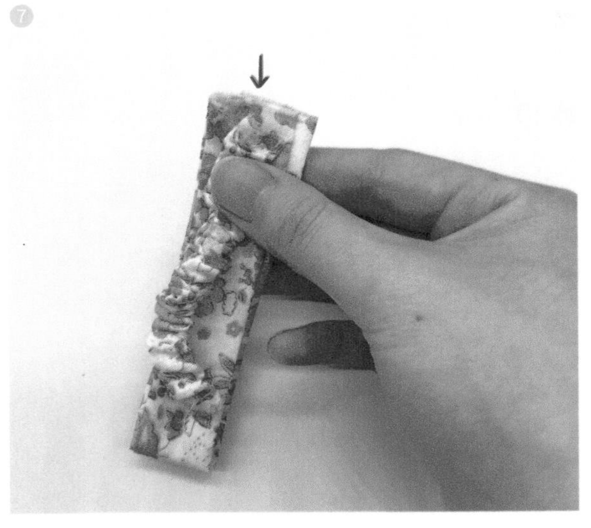

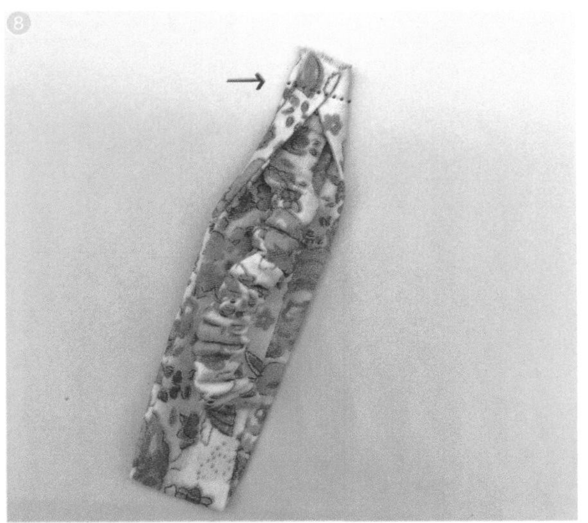

⑦～⑧ 将一片前片对折并将后片放置在这片前片上，用前片包裹后片并缝合固定。

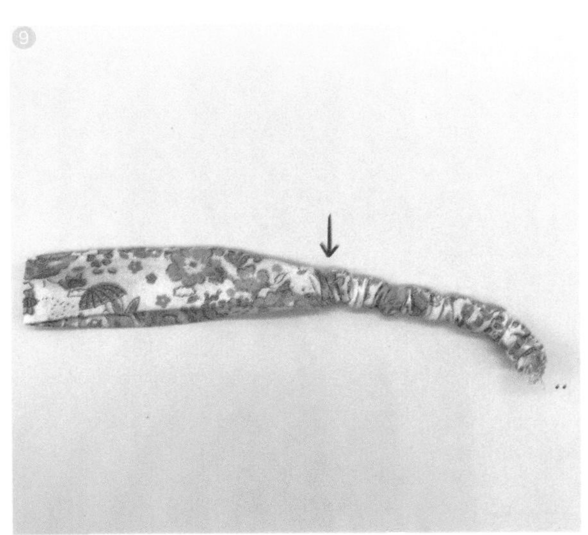

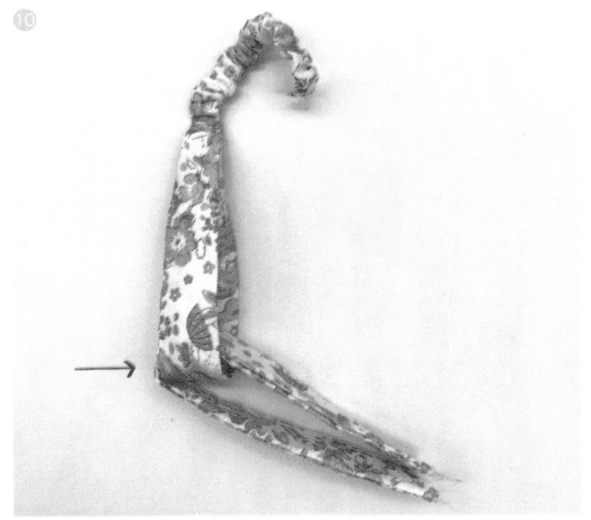

⑨～⑩ 将后片向前片的端口方向翻，用另外一片前片穿插进第一片前片中。

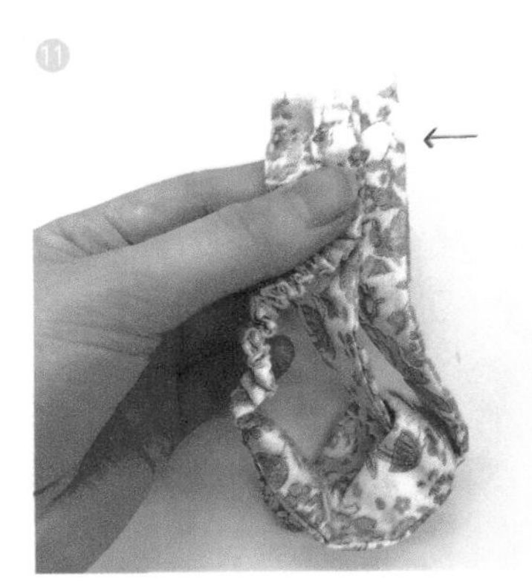

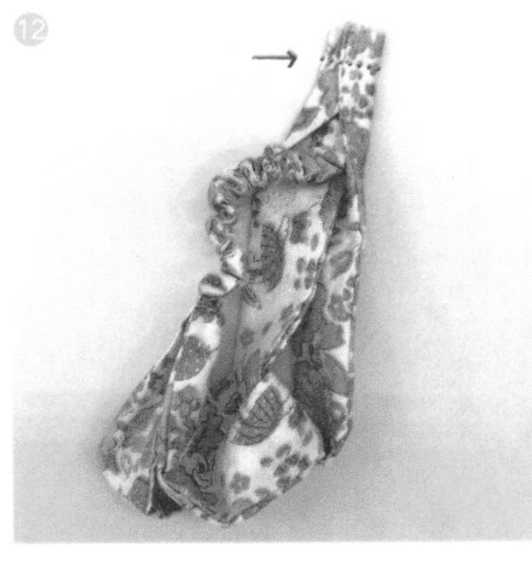

⑪～⑫ 将后片另一端放置在第二片前片上，用第二片前片包裹住后片并进行缝合固定。

⑬ 缝制完成，进行熨烫整理。

2

口水巾

成品展示

CHILDREN'S BOOK WEEK
MATCHBOX NOTE
MATCHBOX NOTE
MATCHBOX NOTE

制作过程

面料说明

本案例选用水洗棉布，该面料克重约为 110g，无弹力，无须区分正反面。

面料的弹力与克重均会影响制版，读者在选用面料时可参考作者所给的参数。

① 裁剪裁片。

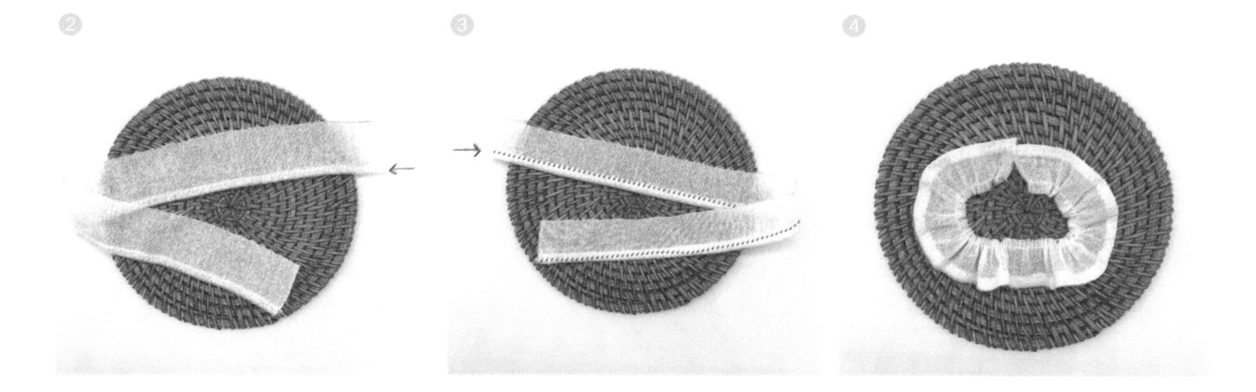

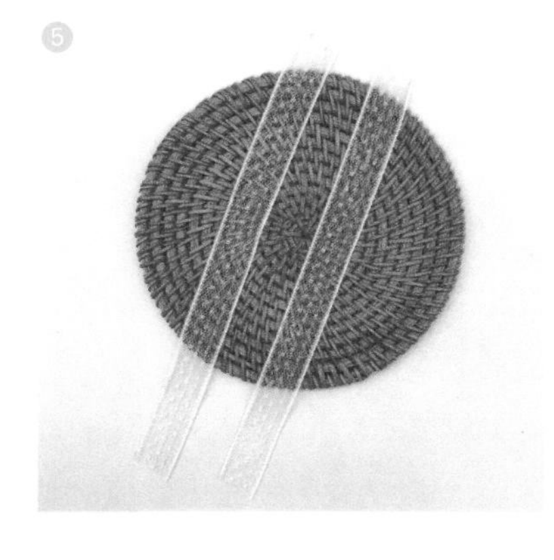

② 对下摆裁片的下摆进行锁边处理。

③ 将下摆裁片向里折叠 0.7cm 并缝制。

④ 对下摆进行抽碎褶处理，褶皱尽量均匀。

⑤ 取两条长约 25cm 的蕾丝带。

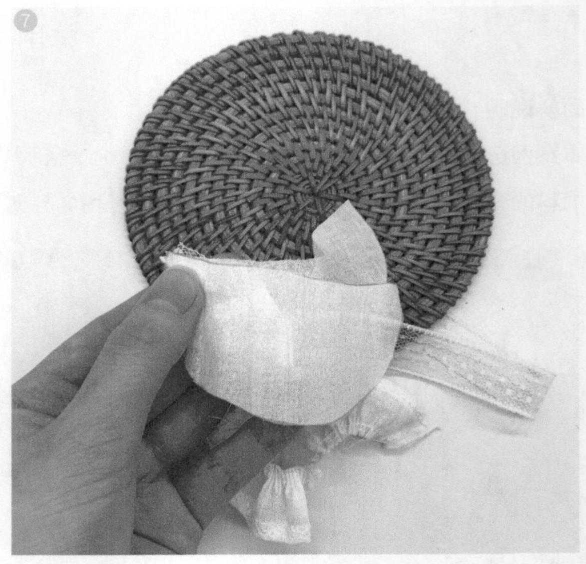

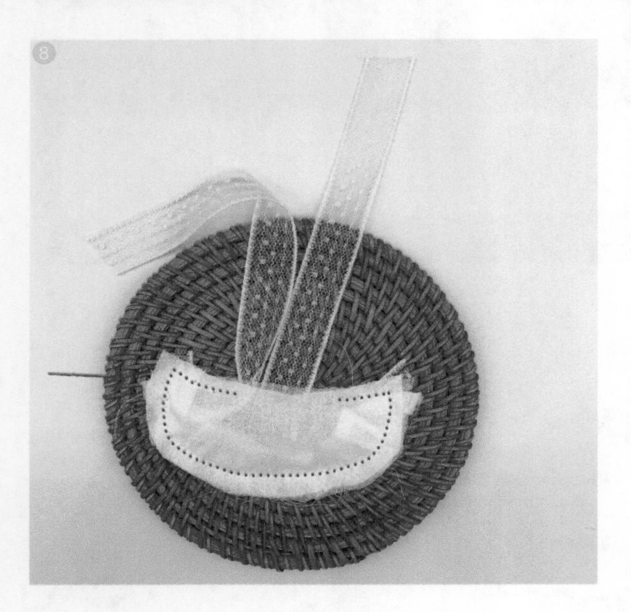

⑥～⑦ 将蕾丝带和下摆如图示放置在主体裁片中间。

⑧ 将主体裁片、蕾丝带，以及下摆缝合在一起，注意留出返口。

⑨～⑩ 将口水巾从返口处翻到正面，并在口水巾正面压一圈明线，注意缝住返口。缝制完成，对口水巾进行熨烫整理。

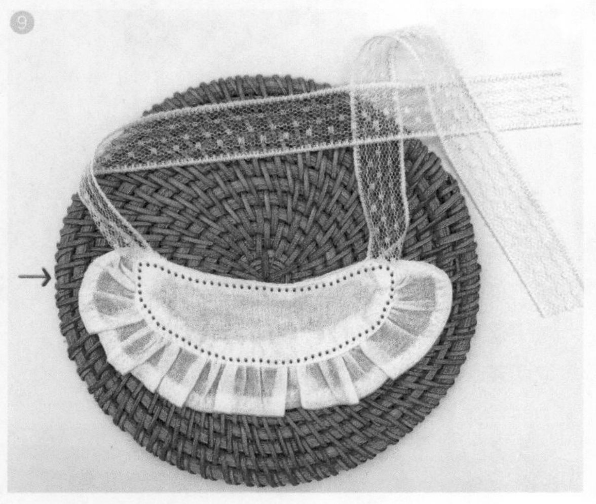

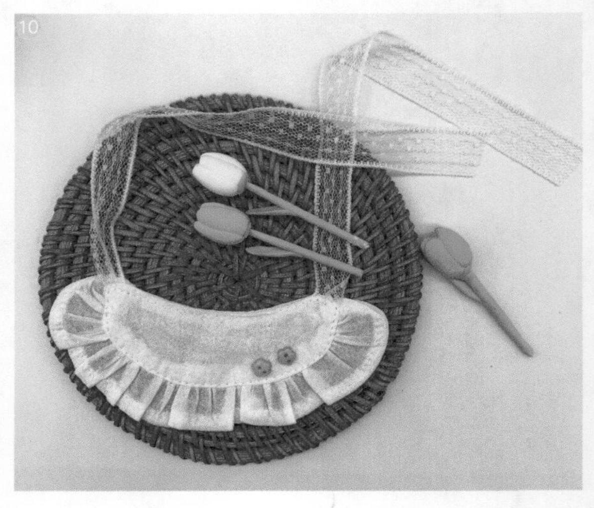

3

领带

成品展示

制作过程

面料说明

本案例选用纯棉格子布料，正反面相同，故案例中不区分正反面。如选用正反面不同的面料，需注意区分。该面料略微具有弹力，克重约为 220g。面料的弹力与克重均会影响制版，读者在选用面料时可参考作者所给的参数。

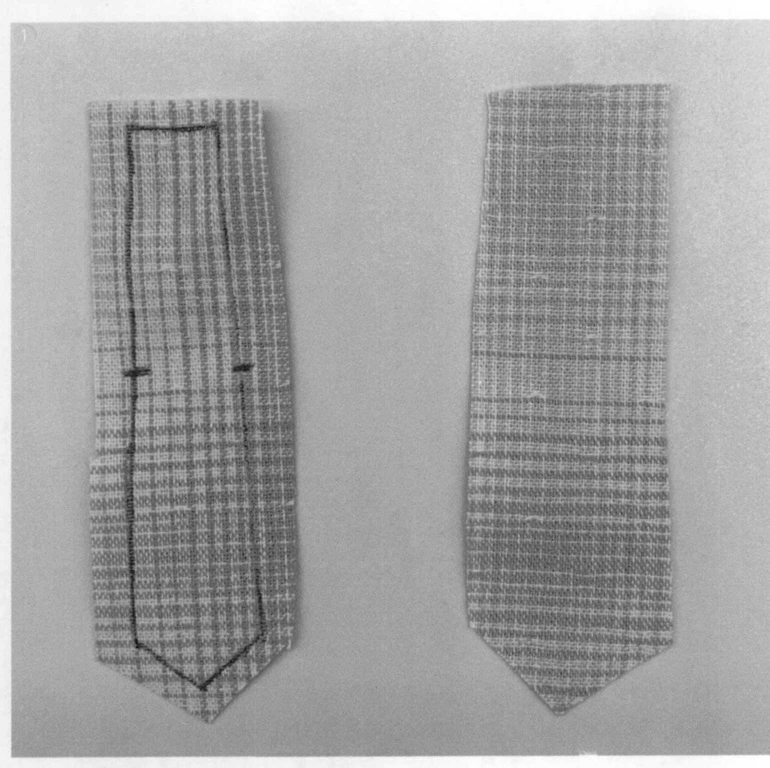

1 裁剪裁片。

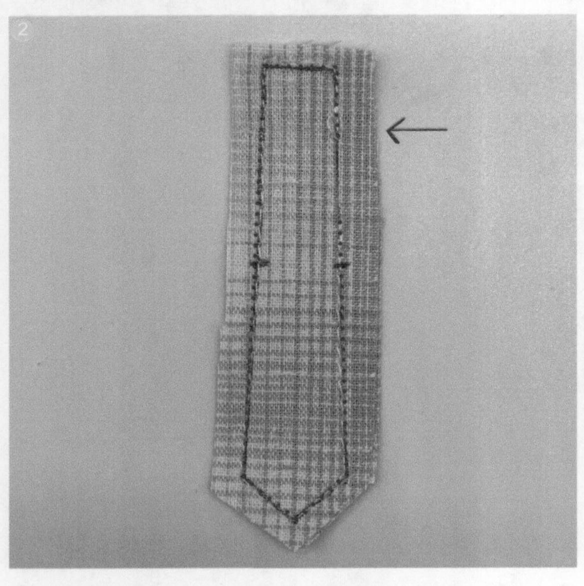

2 将两片领带裁片正面相对并进行缝合，注意右上方留一个长 1.5cm 的返口。

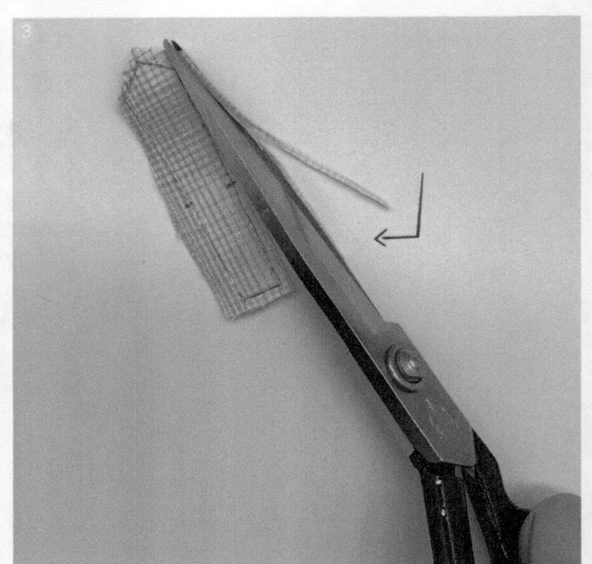

3 将领带裁片的缝份剪窄。

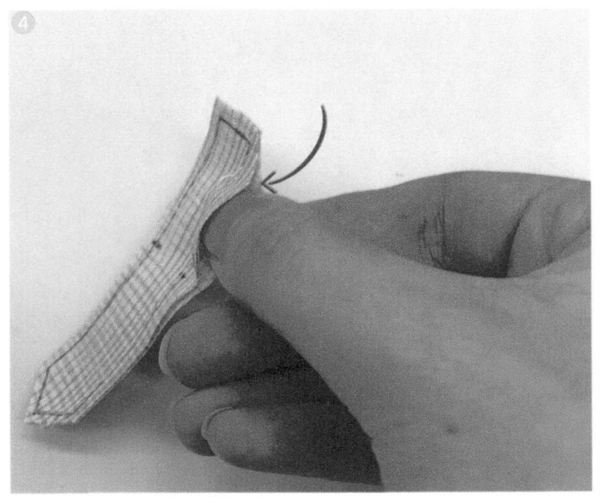

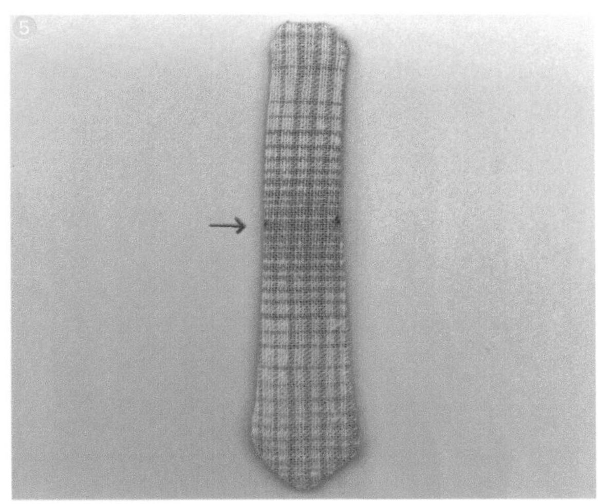

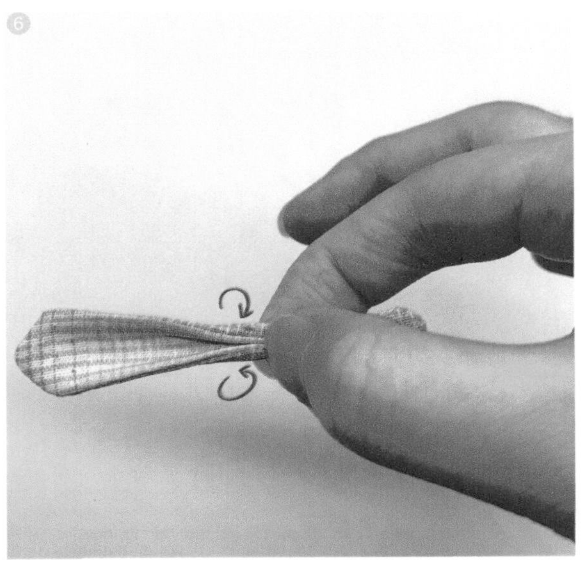

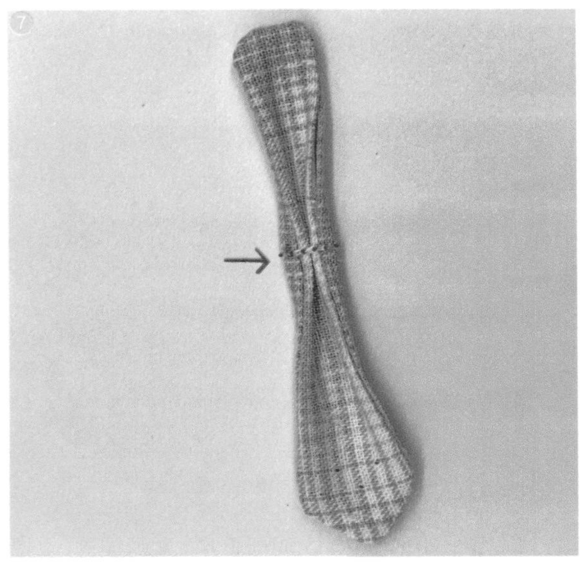

④～⑤ 将领带正面从返口处翻出来。

⑥～⑦ 在标记处对领带从左右两边向中心对折并缝合固定。

⑧ 将领带上端向左折叠。

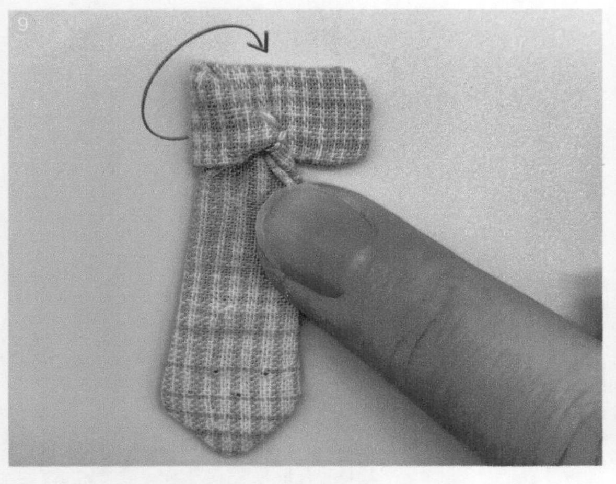

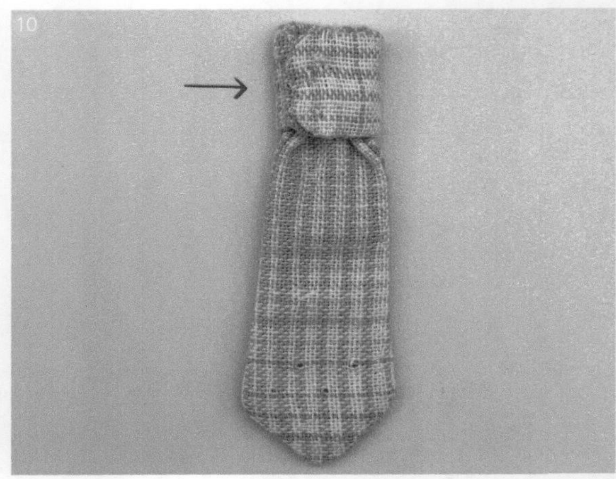

⑨ ~ ⑩ 将领带上端绕折叠处一圈，并用线固定住。

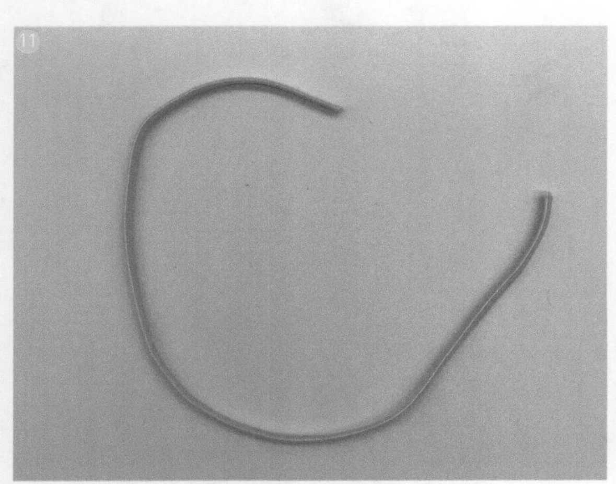

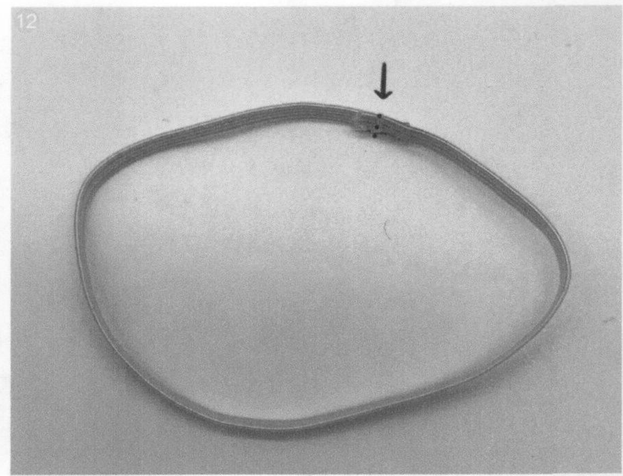

⑪ ~ ⑫ 取一根长约 20cm 的松紧带，将两端进行缝合。

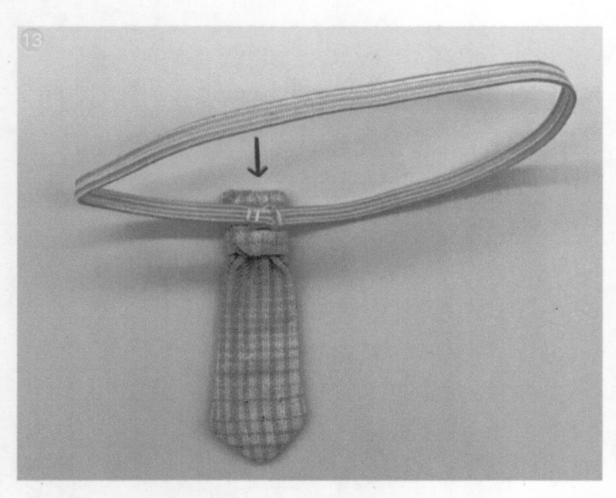

⑬ ~ ⑭ 将松紧带缝合在领带背面。缝制完成，对领带进行熨烫整理。

4

鞋子

成品展示

制作过程

面料说明

表布：法兰绒面料，克重约为 400g，弹力适中，毛面长短均匀、较光滑的一面为正面。

里布：水洗棉布，克重约为 110g，无弹力，无须区分正反面。

面料的弹力与克重均会影响制版，读者在选用面料时可参考作者所给的参数。

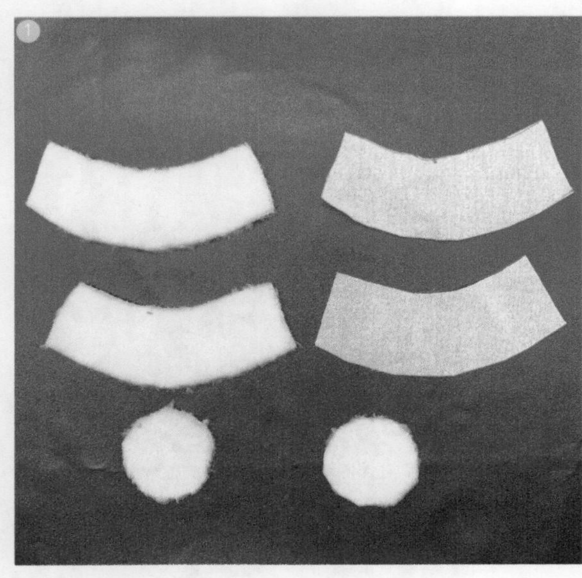

① 裁剪裁片。

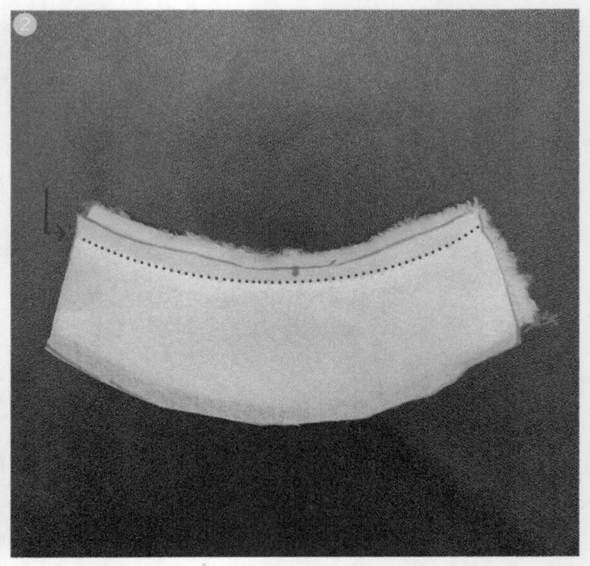

② 将鞋身裁片里布和鞋身裁片表布正面相对，并将上端缝合在一起。

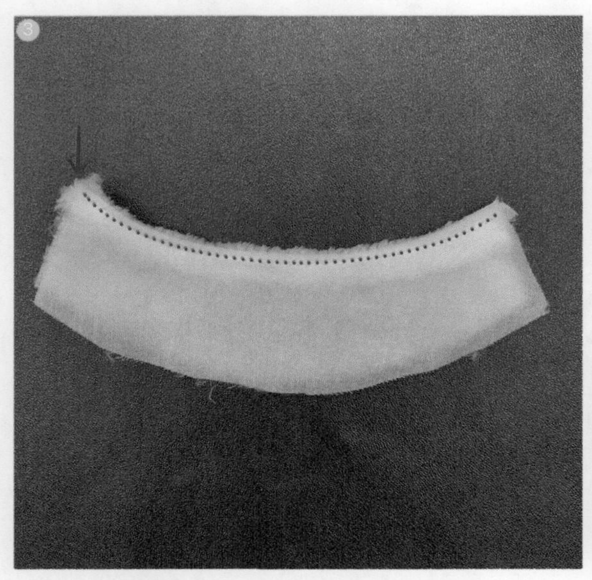

③ 将鞋身翻到正面，并在上端压一道明线。

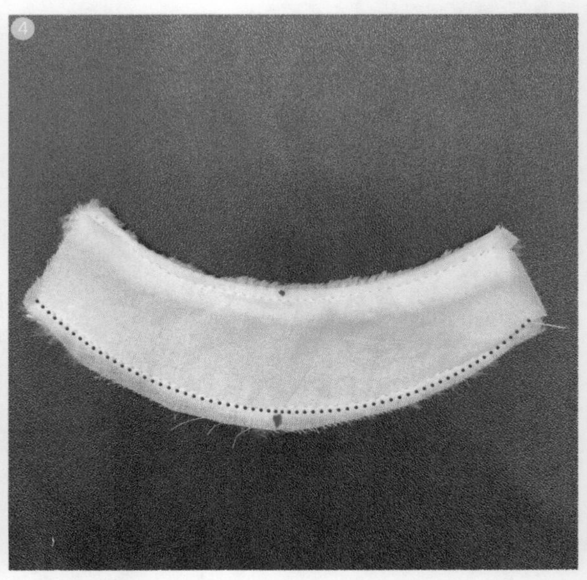

④ 将鞋身下端也缝合起来。

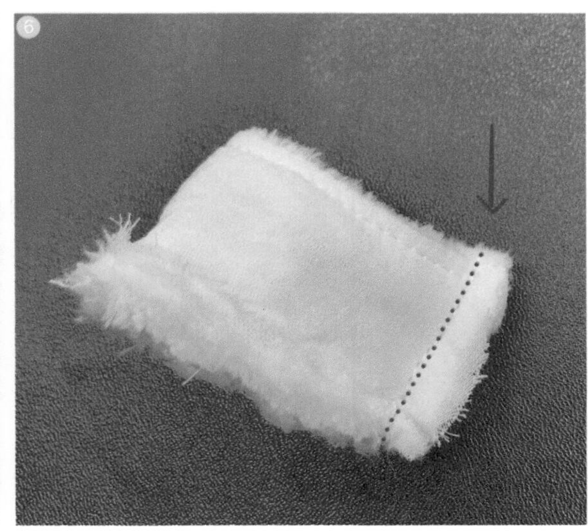

⑤ 将鞋身缝到鞋底上，注意鞋身首尾各留 0.7cm 宽的缝份不要缝。

⑥ 缝合鞋身的后中缝。

⑦ 对毛边进行锁边处理。

⑧ ~ ⑨ 用同样的方式将另外一只鞋子也缝好，并贴上熊猫刺绣贴以作装饰，缝制完成。

5

U型枕

成品展示

制作过程

面料说明

本案例选用涤棉布料，有牛奶纹的一面为正面，该面料几乎无弹力，克重约为 220g。面料的弹力与克重均会影响制版，读者在选用面料时可参考作者所给的参数。

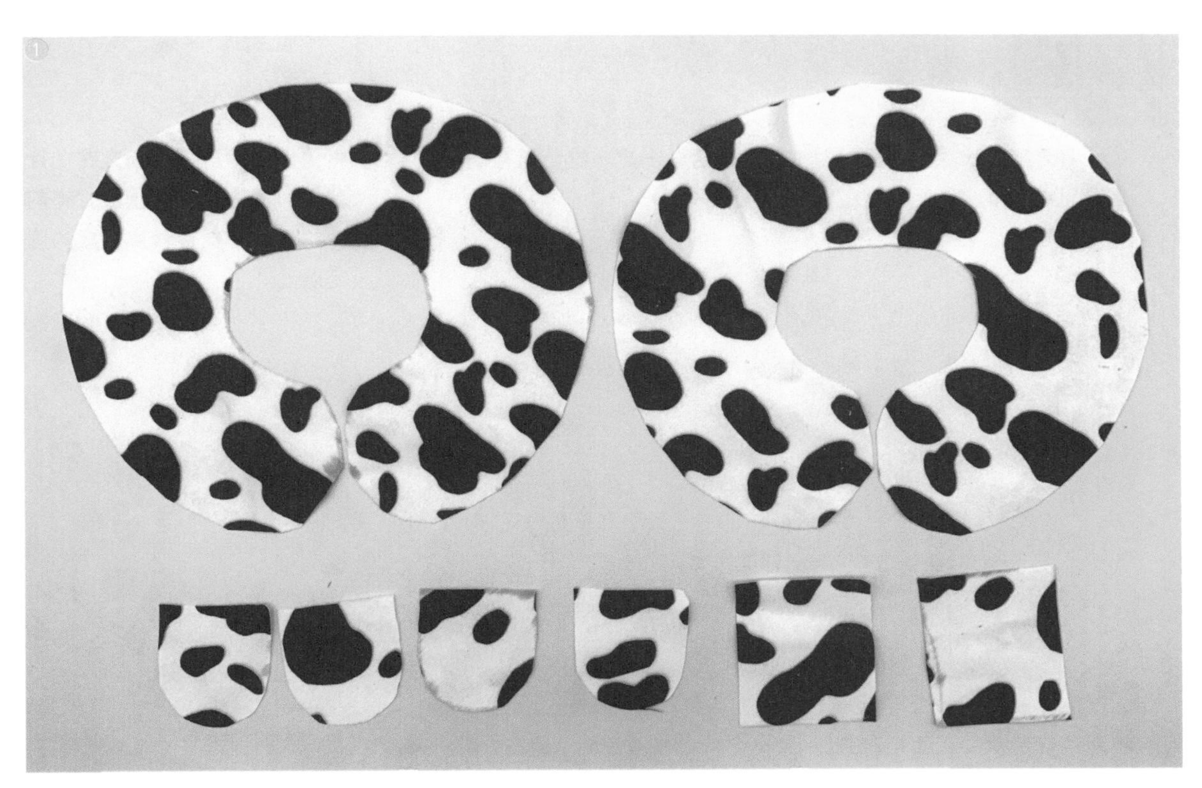

① 裁剪裁片。

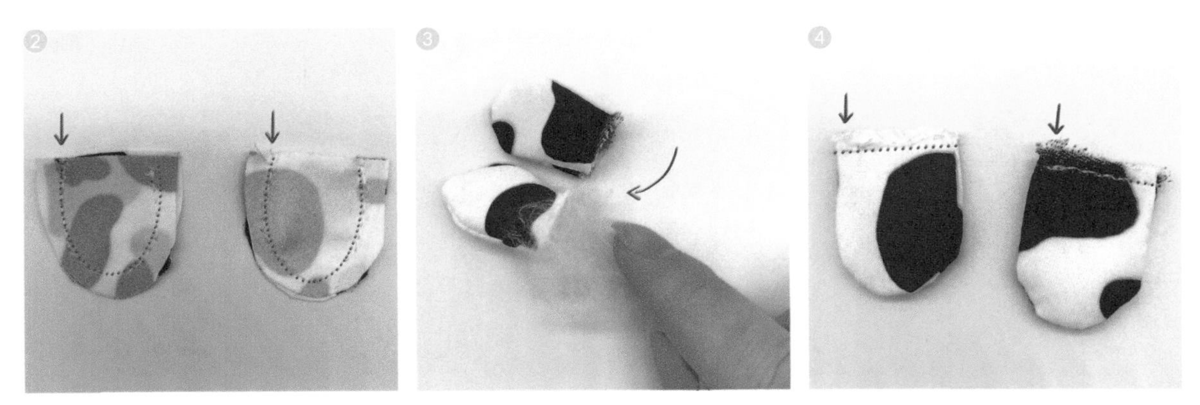

② 将前绊扣裁片两两正面相对并缝合在一起。

③~④ 将前绊扣翻到正面，往里塞上少量棉花并缝合固定。

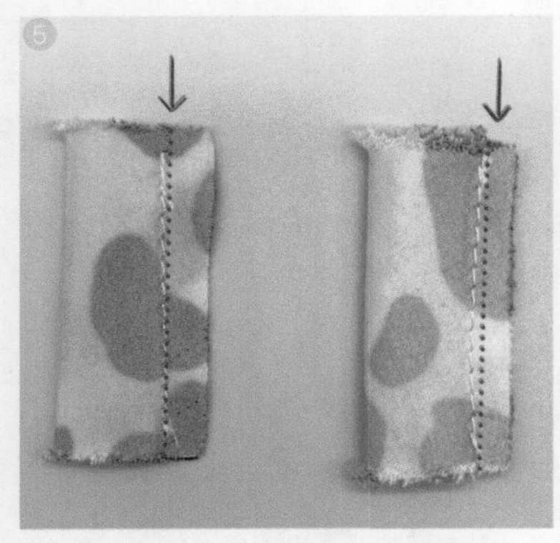

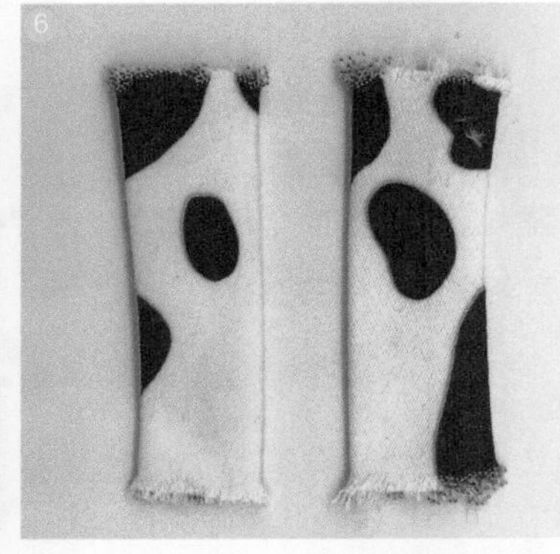

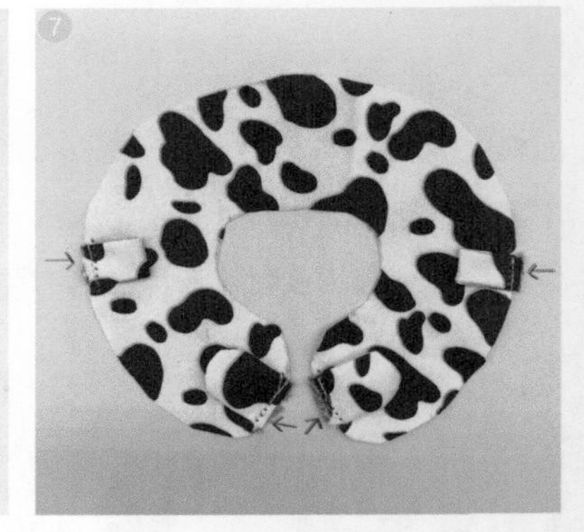

⑤～⑥ 将侧绊扣裁片正面相对对折，并缝合在一起，缝合后将侧绊扣翻到正面。

⑦ 将侧绊扣对折缝合固定在枕片裁片对应的固定点上，并将前绊扣也缝在枕片裁片对应的固定点上。

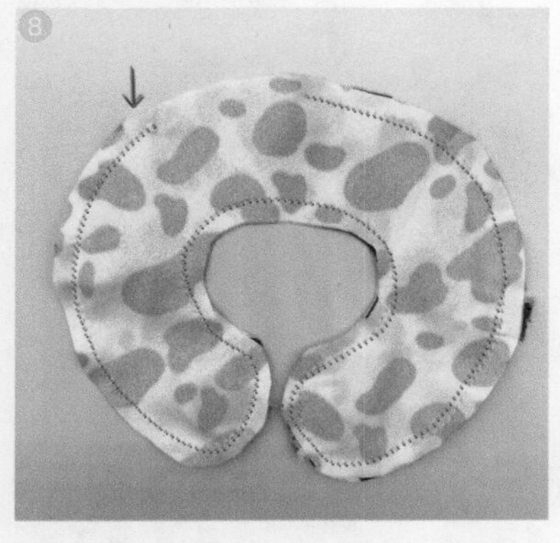

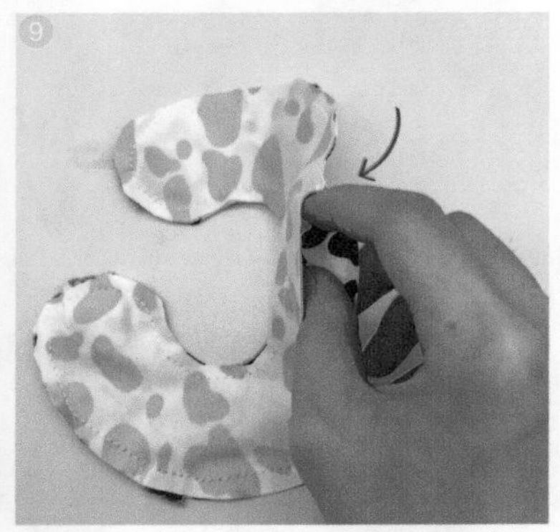

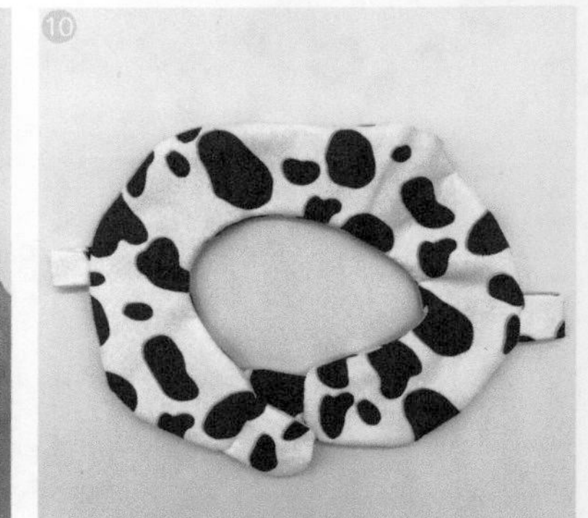

⑧ 将两片枕片裁片正面相对并缝合，注意留出返口。

⑨～⑩ 将枕片正面从返口处翻出来。

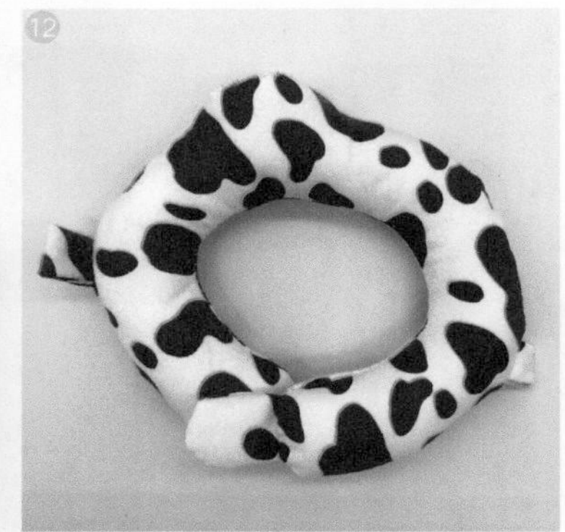

⑪～⑫ 从返口处往枕头里塞满棉花。

⑬ 用藏针法将返口缝合好，整理U型枕，并在前绊扣上打好四合扣，缝制完成。